Clausthaler Tektonische Hefte · 23

Radiometrische Methoden in der Geochronologie

von

I. WENDT

mit einem Beitrag von M. Schoell

170 Seiten, 65 Abbildungen, 6 Tabellen

1988 Verlag Ellen Pilger, 3392 Clausthal-Zellerfeld

ISBN 978-3-540-62820-0 ISBN 978-3-642-47637-2 (eBook)
DOI 10.1007/978-3-642-47637-2

und Verlagsanstalt, Clausthal-Zellerfeld

Inhaltsverzeichnis

Seite

Vorwort

Mit der stetig zunehmenden Anwendung von Isotopenuntersuchungen für geologische Fragestellungen hat auch die radiometrische Altersbestimmung in den letzten Jahrzehnten immer mehr an Bedeutung gewonnen.

Das vorliegende Buch soll dem Geowissenschaftler einen Überblick über die gängigen Methoden der radiometrischen Altersbestimmung, deren Grundlagen und Anwendungsbereiche geben, wobei die für das Quartär gültigen Methoden im Heft 19 abgehandelt sind. In den ersten Kapiteln wird die theoretische Basis dieser Verfahren in leicht verständlicher Form aufgezeichnet. Dabei wird bewußt auf kompliziertere mathematische Ableitungen zugunsten von anschaulichen graphischen Darstellungen verzichtet. Anhand von praktischen Beispielen wird dann die Anwendung der verschiedenen Methoden und die Interpretation der Ergebnisse diskutiert.

Das Heft ist sowohl als Textbuch für eine Vorlesung als auch zum Selbststudium für Geologen, Mineralogen und Geophysiker gedacht. Es soll vor allem die bekannten Methoden in knapper, aber vollständiger Darstellung bringen, um allen denjenigen, die sich mit diesen Fragen beschäftigen, die erwünschten Hinweise zu geben.

1. Einführung und historischer Überblick

Auf die Möglichkeit, mit Hilfe von langlebigen, natürlichen, radioaktiven Isotopen geologische Zeiten messen zu können, wurde schon lange bevor genaue massenspektrometrische Meßmethoden zur Bestimmung von Isotopenhäufigkeiten existierten, hingewiesen. Und es ist natürlich, daß man zunächst nur an das am längsten bekannte natürliche radioaktive Element, an das Uran gedacht hat. So konzentrierten sich die Bemühungen, die durch die Entdeckung der natürlichen Radioaktivität neu eröffnete Methode der Messung geologischer Zeiten anzuwenden, zunächst auf Uranminerale. Es gibt hier zwei grundsätzlich verschiedene Wege: die im folgenden eingehend beschriebene Uran-Blei-Methode, wobei aus der Menge des radiogenen stabilen Endproduktes, dem ^{206}Pb und ^{207}Pb, im Verhältnis zum radioaktiven Mutterelement Uran das Alter berechnet wird, und die Uran-, Thorium-Helium-Methode, die auf der Tatsache beruht, daß bei einem Zerfall eines Uranatoms auf dem Wege des weiteren Zerfalls bis zu seinem stabilen Endprodukt Blei acht α-Zerfälle (beim $^{235}U \rightarrow ^{207}Pb$ sieben α-Zerfälle) und beim Zerfall des Thoriums ^{232}Th sechs α-Zerfälle stattfinden. Da die α-Teilchen aber Helium-Kerne sind, ist die Menge des in einem uran- und thoriumhaltigen Mineral gefundenen Heliums ein Maß für die Zeitdauer, in der dieser Zerfall stattgefunden hat, sofern das entstandene Helium während der ganzen geologischen Geschichte des Minerals nicht teilweise aus diesem entwichen ist. Es handelt sich hier um die gleiche Voraussetzung wie bei der heute so erfolgreich angewendeten K/Ar-Methode, wo das radiogene Endprodukt ebenfalls ein Edelgas ist. In den meisten Fällen erfüllen die Uranminerale die Voraussetzung, das entstandene Helium vollständig behalten zu haben, nicht so gut wie geeignete Kaliumminerale bezüglich des Argons.

Das leicht diffundierende Helium ist meist zu einem großen Teil aus den Uranmineralen entwichen, und die mit dieser Methode erhaltenen "Alter" sind im allgemeinen erheblich zu klein. Bei der Anwendung der Uran-Blei-Methode, auf die bereits Holmes im Jahre 1913 hingewiesen hat, bestand zunächst die Schwierigkeit, zwischen primär im Uranmineral zur Zeit seiner Bildung bereits enthaltenem Blei und dem durch radioaktiven Zerfall entstandenen unterscheiden zu können. Die ersten durch chemische Blei- und Uranbestimmung erhaltenen U/Pb-Alter waren daher auch im allgemeinen größer als das tatsächliche Bildungsalter. Diese Methode wurde durch eine exakte Atomgewichtsbestimmung des Bleies, mit deren Hilfe die Anteile von Zerfallsblei und gewöhnlichem Blei annähernd bestimmt werden konnten, weiterhin verbessert, aber erst durch die Einführung der massenspektrometrischen Verfahren waren zuverlässige Bestimmungen der Isotope des Zerfallbleies möglich geworden. Die Verbesserung der Analysenmethoden erlaubte sehr genaue Blei- und Urankonzentrationsbestimmungen, auch bei kleineren Uran- bzw. Thoriumkonzentrationen, so daß man nicht mehr in der Anwendung dieser Datierungsmethode auf Uranminerale, die in der Natur nicht sehr häufig sind, beschränkt war, sondern auch akzessorische Minerale, wie Zirkon, Titanit u.ä. datieren kann, womit der Anwendungsbereich der U/Pb-Methode auf die meisten magmatischen Gesteine ausgedehnt werden konnte.

Die Existenz eines langlebigen Rb-Isotops ist schon seit dem Jahre 1905 bekannt, aber erst 1937 wurde von Hahn, Strassmann und Walling und Mattauch das ^{87}Rb als das radioaktive Isotop identifiziert. Da Rubidium ein relativ weit verbreitetes Element ist, wurde die Möglichkeit, den $^{87}\text{Rb} \rightarrow {}^{87}\text{Sr}$ Zerfall für eine geologische Zeitmessung an geeigneten Mineralen zu benutzen, klar erkannt. Wegen der Schwierigkeit, mit den damaligen technischen Möglichkeiten die wegen der großen Halbwertszeit des ^{87}Rb nur sehr kleinen Mengen ^{87}Sr genügend genau zu bestimmen, konnten die ersten Rb/Sr-Datierungen auch nur an sehr Rb-reichen Mineralen, die im Vergleich zur Menge des

Zerfalls-Sr praktisch kein gewöhnliches Sr enthielten, wie z.B. Lepidolithen, durchgeführt werden. Erst mit Hilfe der massenspektrometrischen Isotopenverdünnungsmethode war es möglich, auch Minerale, die weniger Rubidium enthalten, wie z.B. Biotit und Muskowit, zu datieren. Damit war nach dieser Methode ein weites Anwendungsfeld eröffnet worden. Das später entwickelte Rb/Sr-Isochronenverfahren, angewendet auf Gesamtgesteinsproben einerseits und abgetrennte Minerale andererseits, erlaubt eine weitergehende Interpretation, auch bei einer komplizierten geologischen Geschichte der untersuchten Gesteinseinheit, so daß es möglich ist, nicht nur das primäre Gesteinsbildungsalter, sondern auch das Alter eines späteren metamorphen Einflusses zu bestimmen. Damit war eine weitere Datierungsmethode mit einem breiten Anwendungsgebiet eingeführt.

Ebenfalls im Jahre 1905, als die Radioaktivität des Rubidiums entdeckt wurde, erkannte man, daß auch das Element Kalium ß-Strahlung aussendet, und im Jahre 1928 wurde von Kohlhörster die γ-Aktivität des Kaliums bei Aktivitätsmessungen in Kalibergwerken entdeckt. Nachdem aufgrund theoretischer Betrachtungen Newman und Walke 1935 ein bis dahin noch unbekanntes Isotop des Kaliums, das ^{40}K als Ursache für die beobachtete Radioaktivität postuliert hatten, konnte Nier im selben Jahr dieses Isotop auch nachweisen und seine Häufigkeit von $1,19 \times 10^{-4}$ ermitteln. C.F. v. Weizsäcker schloß aus der anomal hohen Häufigkeit des ^{40}Ar im atmosphärischen Argon, daß dieses Argon zum größten Teil aus dem Zerfall des ^{40}K entstanden sein müßte, und zwar durch einen Zerfall, den man nur aufgrund theoretischer Überlegungen von Chr. Møller (1937) kannte, dem K-Einfang. Es gelang dann im Laufe der folgenden Jahre, das Zerfallsschema des ^{40}K aufzustellen und die Zerfallskonstanten des ß-Zerfalls und des K-Einfangs zu ermitteln. 1948 haben Nier und Aldrich aus Kaliummineralen Argon extrahiert und ein erhöhtes $^{40}Ar/^{36}Ar$-Verhältnis im Vergleich zu atmosphärischem Argon gefunden, womit der erste

Schritt in Richtung einer K/Ar-Altersbestimmung getan war. Gentner und Mitarbeiter haben dann in den 1950er Jahren die ersten K/Ar-Datierungen durchgeführt. Man fand bald, daß Minerale, wie Muskowit, Biotit und andere Glimmer für die K/Ar-Datierung besonders gut geeignet sind und daß, sofern das Gestein keinen weiteren Erwärmungen im Laufe seiner geologischen Geschichte mehr ausgesetzt war, das entstandene radiogene Argon im Mineral verbleibt, was die Voraussetzung für die Interpretation des K/Ar-Verhältnisses als ein geologisches Alter ist.

Mit der weiteren Verbesserung der Meßgenauigkeit durch die Einführung der massenspektrometrischen Isotopenverdünnungsanalyse konnten auch kaliärmere Minerale, wie Hornblende und hinsichtlich der Argondiffusion dichte Gesteine als Ganzes, wie Basalt, mit Hilfe der Kali-Argon-Methode datiert werden. Im Gegensatz zu den anderen Methoden, die nur für die Datierung von magmatischen Gesteinen geeignet sind, können mit der K/Ar-Methode auch Glaukonite und damit unter bestimmten Voraussetzungen Sedimente datiert werden.

Mit diesen drei Methoden der radiometrischen Altersbestimmung, der U/Pb-, der Rb/Sr- und der K/Ar-Methode, stehen dem Geochronologen nunmehr verschiedene bewährte Verfahren der geologischen Zeitmessung zur Verfügung, die sich zum Teil gegenseitig ergänzen und überprüfen können, ob die Voraussetzungen für die Interpretation der erhaltenen Meßergebnisse, die primär zunächst nur analytisch erhaltene Verhältnisse von Isotopenhäufigkeiten sind, als geologische Alter gegeben sind.

In neuerer Zeit ist die Sm/Nd-Methode, die auf dem α-Zerfall des ^{147}Sm beruht und die wegen dessen großer Halbwertszeit sehr hohe Meßgenauigkeiten des $^{143}Nd/^{144}Nd$-Verhältnisses erfordert, als häufig anwendbare Methode hinzugekommen.

Neben diesen Methoden werden in den folgenden Kapiteln noch die sog. Pb/Pb-Methode zur Datierung von reinen Bleimineralen und die Kernspurenmethode (fission track), die beide ebenfalls ein weites Anwendungsgebiet haben, behandelt. Einige weitere Verfahren, die zwar ebenfalls von wissenschaftlichem Interesse sind, die aber nur bei relativ seltenen Mineralen anwendbar sind, werden in dieser Zusammenstellung nicht erwähnt.

Das vorliegende Buch soll dazu beitragen, dem interessierten Geowissenschaftler die wesentlichen Grundlagen der radiometrischen Methoden in der Geochronologie zu vermitteln und ihm durch diese Kenntnis einen nutzbringenden Einsatz dieser Verfahren ermöglichen, deren erfolgreiche Anwendung in der letzten Zeit in ständig zunehmendem Maße wertvolle Informationen lieferte, die mit den klassischen Verfahren der Geologie nicht zu erreichen sind. Dieses gilt besonders für den großen Zeitabschnitt des Präkambriums, für den andere Methoden zur Erstellung einer Geochronologie kaum zur Verfügung stehen.

Um das Thema dieses Heftes und damit dessen Umfang nicht zu weit zu fassen, wurde sich hier nur auf den physikalisch-methodischen Teil der Verfahren der geologischen Zeitmessung beschränkt und die Methoden der Datierung der jüngsten geologischen Geschichte (^{14}C-Methode) ausgeklammert, da diese bereits in einem eigenen Heft (Clausthaler Tektonische Hefte Nr. 19) behandelt worden sind. Die mineralogisch-petrographischen Aspekte der radiometrischen Altersbestimmung, die Auswahl geeigneter Proben und die Techniken der Mineralseparation werden als Ergänzung dieses Themas ebenfalls in einem gesonderten Heft behandelt werden.

2. Die Isotopenverdünnungsanalyse

2.1 Das Prinzip der Isotopenverdünnungsanalyse

Für die Methoden der radiometrischen Altersbestimmung sind neben der möglichst genauen Messung des Isotopenverhältnisses für ein Element (z.B. Sr, Pb und Nd) auch Konzentrationsbestimmungen für zwei Elemente (z.B. Rb und Sr, U und Pb oder Sm und Nd) meist an sehr kleinen Gesamtmengen von µg oder weniger erforderlich. Hierfür eignet sich die sogenannte "Isotopenverdünnungsanalyse" (IVA), mit der an Submikrogramm-Mengen des betreffenden Elements (oder Isotops) relative Genauigkeiten von ± 1 % oder besser erreicht werden können. Sie ist anwendbar bei Elementen mit zwei oder besser drei Isotopen und besteht darin, daß unbekannte Mengen des zu bestimmenden Elementes mit einer bekannten Menge desselben Elementes (Spike), jedoch mit möglichst extrem anderer Isotopenzusammensetzung als die der Probe vollständig gemischt wird und erst danach die chemische Abtrennung des zu bestimmenden Elementes aus der Probe erfolgt. Obwohl eine solche, möglichst reine Abtrennung nicht quantitativ erfolgen kann und zugunsten der Reinheit der Abtrennung Verluste in Kauf genommen werden müssen, ändert sich die Isotopenzusammensetzung der Mischung von Probe und Spike beim Durchlaufen der chemischen Arbeitsgänge nicht, vorausgesetzt es werden keine zusätzlichen Mengen dieses Elementes aus den verwendeten Chemikalien, den Gerätschaften oder der Laborluft eingebracht (Kontamination). Es gilt also für ein Element mit n Isotopen für jedes Isotop i die Bilanzgleichung

$$N_m(i) = N_p(i) + N_s(i) \tag{2-1}$$

wobei $N_m(i)$ die Zahl der Atome in der Mischung, $N_p(i)$ die (unbekannte) Zahl der Atome in der Probe und $N_s(i)$ die (bekannte) Zahl der Atome der zugegebenen Spike-Mengen jeweils für das Isotop i sind (Abb. 2.1). Dividiert man zwei

Abb. 2.1: Prinzip der Isotopenverdünnungsanalyse

solche Gleichungen für zwei Isotope $i = q$ und $i = b$ und bezeichnet das Isotopenverhältnis $N(q)/N(b) = \nu(q,b)$ und $N_p(b)/N_s(b) = Q$ das Isotopenverhältnis von Probe und Spike, so erhält man

$$(2\text{-}2) \qquad \nu_m(q,b) = \frac{\nu_s(q,b) + \nu_p(q,b)Q}{1 + Q}$$

oder nach Q aufgelöst

$$(2\text{-}3) \qquad Q = \frac{\nu_s(q,b) - \nu_m(q,b)}{\nu_m(q,b) - \nu_p(q,b)}$$

d.h. aus dem gemessenen Isotopenverhältnis der Mischung von Probe und Spike und deren bekannten Isotopenverhältnissen $\nu_p(q,b)$ und $\nu_s(q,b)$ kann man das Mengenverhältnis Q von Probe und Spike und aufgrund der bekannten Spike-Menge also die gesuchte Menge des zu bestimmenden Isotops der Probe bestimmen.

2.2 Die Fraktionierungskorrektur

Bei der langsamen Verdampfung und Ionisierung des isotopisch zu untersuchenden Elements in der Ionenquelle eines Massenspektrometers treten Isotopenfraktionierungseffekte auf, derart, daß das leichte Isotop etwas schneller verdampft als das schwere, d.h. der Dampf ist im leichteren Isotop um einige Promille im Vergleich zu dem noch auf dem Verdampferfaden befindlichen Teil der Probe im leichteren Isotop angereichert. Durch dieses bevorzugte Abdampfen des leichteren Isotops wird die verbleibende Probe im schweren Isotop im Laufe der Messung ständig angereichert. Ein Isotopenverhältnis, bei dem das leichtere Isotop im Zähler und das schwere Isotop im Nenner steht (z.B. $^{143}Nd/^{144}Nd$), wird im Laufe der Messung abnehmen und entsprechend im umgekehrten Fall (z.B. $^{87}Sr/^{86}Sr$) zunehmen.

Der Unterschied zwischen den ersten Messungen und z.B. der 80sten und 100sten Messung kann einige Promille betragen, das ist eine Meßunsicherheit, die eine geforderte relative Meßgenauigkeit von 10^{-4} oder 10^{-5} bei weitem übersteigt. Es hat sich gezeigt, daß die Größe der Fraktionierung in sehr guter Näherung proportional zur Massendifferenz zwischen Zähler- und Nennerisotop ist, d.h. wenn z.B. das $^{88}Sr/^{86}Sr$-Verhältnis im Vergleich zum wahren Wert um 2 $^o/oo$ zu hoch gemessen wird, dann ist das gemessene $^{87}Sr/^{86}Sr$-Verhältnis um 1 $^o/oo$ zu hoch. Für ein Element, das wenigstens drei Isotope hat, wovon nur eines in unterschiedlicher Höhe radiogen angereichert ist, die beiden anderen jedoch in allen Proben immer im gleichen Verhältnis vorhanden sind, können zwei Isotopenverhältnisse gemessen werden.

(2-4) $$\nu(r,b) = \frac{N(r)}{N(b)} = \nu'(r,b)(1 + (b-r)\epsilon)$$

und

$$\nu(f,b) = \frac{N(f)}{N(b)} = \nu'(f,b)(1 + (b-f)\epsilon)$$

wobei N(b), N(r), N(f) die Atomzahlen mit den Massenzahlen b, r, f und $\nu(f,b)$ das wahre und $\nu'(f,b)$ das gemessene, durch Fraktionierung verfälschte Isotopenverhältnis ist. Die Fraktionierungsgröße ϵ wird im allgemeinen in $^o/oo$ pro Masseneinheit angegeben. Ist das wahre Isotopenverhältnis $\nu(f,b)$ bekannt (z.B. $^{88}Sr/^{86}Sr = 8.3752$), so kann das unbekannte wahre Isotopenverhältnis $\nu(r,b)$ mit den gemessenen Isotopenverhältnissen $\nu'(r,b)$ und $\nu'(f,b)$ aus diesen beiden Gleichungen berechnet werden.

(2-5) $$\nu(r,b) = \nu'(r,b)\left[1 + \left(\frac{\nu(f,b)}{\nu'(f,b)} - 1\right)\frac{b-r}{b-f}\right]$$

also im Fall von Sr (b = 86, r = 87, f = 88)

$$\frac{^{87}Sr}{^{86}Sr} = \left(\frac{^{87}Sr}{^{86}Sr}\right)'\left[1 + \frac{1}{2}\left(\frac{8.3752}{\left(\frac{^{88}Sr}{^{86}Sr}\right)'} - 1\right)\right]$$

2.3 Kombination von IVA und Fraktionierungskorrektur

Hat das zu messende Element außer dem radiogen angereicherten Isotop noch mindestens drei nichtradiogene Isotope, so können aus drei gemessenen Isotopenverhältnissen einer Probe-Spike-Mischung sowohl das Probe-Spike-Mengenverhältnis Q als auch die Fraktionierungsgröße ϵ und das wahre Isotopenverhältnis des radiogenen Isotops r zu einem Bezugsisotop b der Probe bestimmt werden.

Aus den vier Bilanzgleichungen für vier Isotope i = b, r, q, f

(2-6) $$N_m(i) = N_p(i) + N_s(i)$$

erhält man durch Division der letzten drei Gleichungen (i = r,q,f) durch die erste (i = b), für die Isotopenverhältnisse der Mischung (m), von Probe (p) und Spike (s) nach Gleichung (2-2):

$$(2\text{-}7)\qquad \nu_m(i,b) = \nu_m'(i,b)\,(1+(b-i)\epsilon) = \frac{\nu_s(i,b) + \nu_p(i,b)Q}{1+Q}$$

Mit den drei gemessenen Isotopenverhältnissen $\nu_m'(i,b)$ erhält man drei Gleichungen ($i = r,q,f$) für die drei unbekannten Größen: das Probe/Spike-Atomzahlenverhältnis $Q = N_p(b)/N_s(b)$, das Isotopenverhältnis $\nu_p(r,b)$ des radiogenen Isotops (r) zum Bezugsisotop (b) der Probe (p) und die Fraktionierungskorrekturgröße ϵ .

Aus den beiden letzten Gleichungen (2-7) ($i = q,f$) erhält man anstelle von (2-3)

$$(2\text{-}8)\qquad Q = \frac{\nu_s(q,b) - \nu_m'(q,b)\left[u + v\,\frac{\nu_s(f,b)}{\nu_m'(f,b)}\right]}{\nu_m'(q,b)\left[u + v\,\frac{\nu_p(f,b)}{\nu_m'(f,b)})\right] - \nu_p(q,b)}$$

mit

$$u = \frac{q-f}{b-f};\qquad v = \frac{b-q}{b-f};\qquad u + v = 1$$

und

$$(2\text{-}9)\qquad \epsilon = \frac{1}{(b-f)}\cdot\frac{[\nu_s(f,b)-\nu_m'(f,b)] + [\nu_p(f,b) - \nu_m'(f,b)]\,Q}{\nu_m'(f,b)\,(1+Q)}$$

und aus der ersten Gleichung (2-7) mit den aus (2-8) und (2-9) berechneten Größen Q und ϵ erhält man

$$(2\text{-}10)\qquad \nu_p(r,b) = \nu'(r,b)\,(1 + (b-r)\epsilon)\,(1 + \frac{1}{Q}) - \nu_s(r,b)\,\frac{1}{Q}$$

Der Fehler σ_Q der Größe Q als Funktion der Fehler der Meßgrößen $\nu_m'(q,b)$ und $\nu_m'(f,b)$

$$(2\text{-}11)\qquad \left(\frac{\sigma Q}{Q}\right)^2 = f^2_{Q,\nu_m'(q,b)}\left(\frac{\sigma\nu_m'(q,b)}{\nu_m'(q,b)}\right)^2 + f^2_{Q,\nu_m'(f,b)}\left(\frac{\sigma\nu_m'(f,b)}{\nu_m'(f,b)}\right)^2$$

wird durch die Fehlerfaktoren

$$f_{Q,\nu_m'(q,b)} = -\frac{1}{N}\frac{1+Q}{Q}[\nu_s(f,b)+\nu_p(f,b)Q][\nu_s(q,b)+\nu_p(q,b)Q]$$

und

$$(2\text{-}12)\qquad f_{Q,\nu_m'(f,b)} = v\cdot f_{Q,\nu_m'(q,b)}$$

(N siehe Gl. (2-14)) beschrieben.

Ebenso ergibt die Fehlerrechnung für $\nu_p(r,b)$, also z.B. das gesuchte Isotopenverhältnis $^{87}Sr/^{86}Sr$ der Probe ($r = 87$; $b = 86$):

$$(2\text{-}13)\qquad \left(\frac{\sigma\nu_p(r,b)}{\nu_p(r,b)}\right)^2 = f^2_{\nu_p\nu_m'(r,b)}\cdot\left(\frac{\sigma\nu_m'(r,b)}{\nu_m'(r,b)}\right)^2 + f^2_{\nu_p\nu_m'(f,b)}\cdot\left(\frac{\sigma\nu_m'(f,b)}{\nu_m'(f,b)}\right)^2 + f^2_{\nu_p\nu_m'(q,b)}\cdot\left(\frac{\sigma\nu_m'(q,b)}{\nu_m'(q,b)}\right)^2$$

folgende Fehlerfaktoren:

$$(2\text{-}14)\qquad f_{\nu_p\ \nu_m'(r,b)} = 1 + \frac{\nu_s(r,b)}{\nu_p(r,b)}\frac{1}{Q}$$

$$f_{\nu_p\ \nu_m'(f,b)} = -\frac{1}{N}\frac{\nu_s(f,b)+\nu_p(f,b)Q}{\nu_p(r,b)Q}(C+DQ)$$

$$f_{\nu_p\ \nu_m'(q,b)} = \frac{1}{N}\frac{\nu_s(q,b)+\nu_p(q,b)}{\nu_p(r,b)Q}(A+BQ)$$

mit $N = E + FQ$ mit den Konstanten

$$A = \nu_s(f,b)\,[\nu_p(r,b)-\nu_s(r,b)] - w\nu_p(r,b)\,[\nu_p(f,b)-\nu_s(f,b)]$$

$$B = \nu_p(f,b)\,[\nu_p(r,b)-\nu_s(r,b)] - w\nu_p(r,b)\,[\nu_p(f,b)-\nu_s(f,b)]$$

$$C = v\cdot\nu_s(q,b)\,[\nu_p(r,b)-\nu_s(r,b)] - w\nu_s(r,b)\,[\nu_p(q,b)-\nu_s(q,b)]$$

$$D = v\cdot\nu_p(q,b)\,[\nu_p(r,b)-\nu_s(r,b)] - w\nu_p(r,b)\,[\nu_p(q,b)-\nu_s(q,b)]$$

$$E = \nu_s(f,b)\,[\nu_s(q,b) - \nu_p(q,b)] - v\nu_s(q,b)\,[\nu_s(f,b) - \nu_p(f,b)]$$

$$F = \nu_p(f,b)\,[\nu_s(q,b) - \nu_p(q,b)] - v\nu_p(q,b)\,[\nu_s(f,b) - \nu_p(f,b)]$$

und

$$w = \frac{b-r}{b-f} \quad \text{und} \quad v = \frac{b-q}{b-f}$$

Diese etwas unförmig anmutenden Formeln für die Fehlerfaktoren sind für den Fall des Strontiums in Abb. 2.2 als Funktion von

$$Q^* = \frac{1}{\nu_s(q,m)}\,Q \quad \text{also} \quad Q^* = \frac{(^{86}Sr)_p}{(^{84}Sr)_s} \quad \text{aufgetragen.}$$

In diesem Falle ist $q = 84$, $b = 86$, $f = 88$, $r = 87$.

Man sieht, daß die beiden Fehlerfaktoren $f_{Q,\nu'_m(q,b)}$ und $f_{Q,\nu'_m(f,b)}$ zur Bestimmung von Q hier beide gleich und im Bereich $10^{-1} < Q^* < 2$ praktisch gleich 1 sind, d.h. ein relativer Fehler in den Meßgrößen $\nu'_m(q,b)$ und $\nu'_m(f,b)$, also dem $^{84}Sr/^{86}Sr$- und dem $^{88}Sr/^{86}Sr$-Verhältnis der Probe-Spike-Mischung von 1 ‰ tragen auch je mit etwa 1 ‰ zum relativen Fehler der Größe Q bzw. Q* bei und liefern somit einen Gesamtfehler von $\sqrt{2}$ ‰. Ebenso sieht man, daß der Fehlerfaktor $f_{\nu_p,\nu'_m(r,b)}$ im o.g. Bereich praktisch gleich 1, der durch die Fraktionierungskorrektur bedingte Fehlerfaktor $f_{\nu_p,\nu'_m(f,b)}$ gleich $w = 1/2$ und der durch Spikekorrektur bedingte Fehlerfaktor $f_{\nu_p,\nu'_m(q,b)}$ vernachlässigbar klein wird. Der Fehler des mit allen Korrekturen versehenen $^{87}Sr/^{86}Sr$-Verhältnisses wird also im wesentlichen vom Fehler des gemessenen $^{87}Sr/^{86}Sr$-Verhältnis bestimmt, sofern man einen in ^{84}Sr hochangereicherten Spike verwendet.

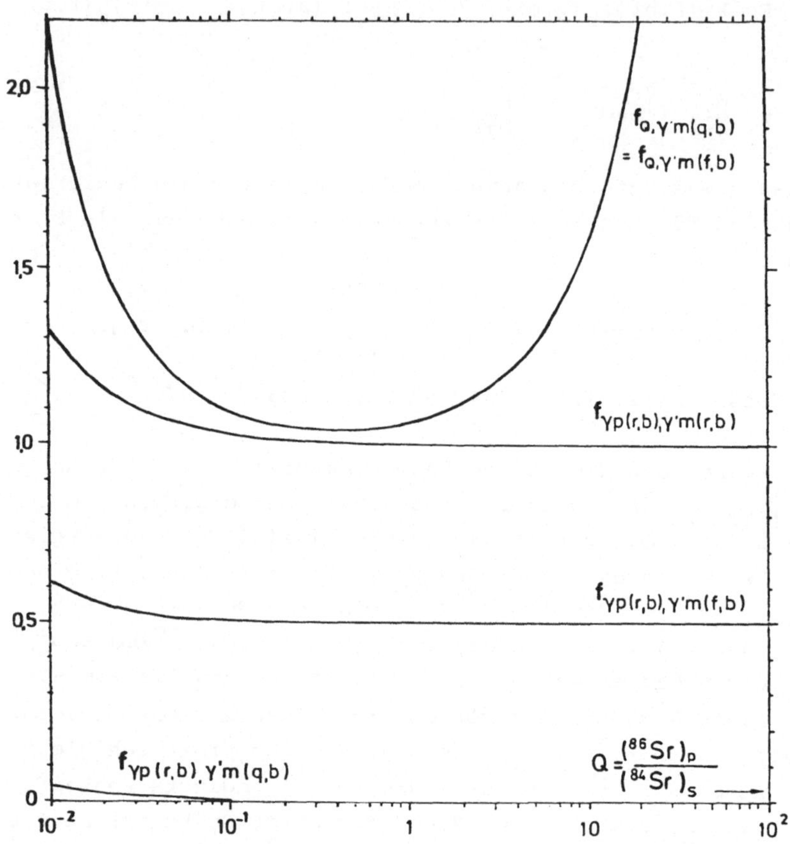

Abb. 2.2: Fehlerfaktoren der IVA bei Sr

3. Die Rubidium-Strontium-Methode

3.1 Einleitung

Die Methode der Altersbestimmung mit Hilfe von natürlichen, langlebigen, radioaktiven Isotopen wird schon seit mehreren Jahrzehnten zur Datierung von Uranmineralen angewendet. Nach der Entdeckung der Radioaktivität des Isotops ^{87}Rb wurde die Möglichkeit, den Zerfall des ^{87}Rb zum ^{87}Sr für die Datierung von Gesteinen bzw. Rb-reichen Mineralen zu benutzen, mehrfach erwähnt (Hahn et al. 1937, Strassmann u. Wallig 1938, Mattauch 1937).

Das Element Rb hat zwei Isotope: ^{85}Rb und ^{87}Rb mit einem Isotopenverhältnis von $^{85}Rb:^{87}Rb = 2.5995 \pm 0.0015$ (Shields et al. 1963), das nach den Untersuchungen von Shields et al. (1963) für alle natürlichen Vorkommen und Mineralalter als konstant angenommen werden darf. Das Isotop ^{87}Rb ist radioaktiv und zerfällt unter Emission eines ß-Teilchens von 272 KeV Maximalenergie zum ^{87}Sr mit einer Halbwertszeit von etwa 5×10^{10} a. Eine Zusammenstellung von Aldrich u. Wetherill (1958) einer großen Zahl von Halbwertszeitbestimmungen verschiedener Autoren zeigt erhebliche Diskrepanzen. Einige neuere Bestimmungen sind in folgender Tabelle zusammengestellt.

HWZ (in 10^{10} a)	Methode	Autor	
4.6 ± 0.5	geol. Methode	Fritze u. Straßmann	1956
4.3 ± 0.3	4π -Geiger	Huster	1956
5.0 ± 0.2	geol. Methode	Aldrich et al.	1956
5.07 ± 0.2	2π Prop.Zähler	Libby	1957
4.7 ± 0.1	liqu. Scint.	Flynn, Glendenin	1959
4.7 ± 0.05	liqu. Scint.	Glendenin	1961
4.72 ± 0.04	massenspektr.	McMullen et al.	1966
4.88	derzeit akzeptierter "bester Wert"	Steiger u. Jäger	1979

Aufgrund des oben Gesagten ist also beim Vergleich von Alterszahlen verschiedener Autoren darauf zu achten, mit welcher Halbwertszeit diese Alterswerte aus den analytischen Daten berechnet sind, und ggf. alle Werte auf eine Halbwertszeit umzurechnen.

3.2 Die Datierung von Mineralen

Das Alter eines Minerals bzw. Gesteins ergibt sich nach $T = {}^{87}Sr$ und $M = {}^{87}Rb$ aus der Beziehung

$$(3\text{-}1) \qquad \frac{{}^{87}Sr}{{}^{87}Rb} = (e^{+\lambda t} - 1) \approx \lambda t$$

wobei ${}^{87}Sr$ und ${}^{87}Rb$ die heutigen molaren Konzentrationen von radiogenem, d.h. aus dem Zerfall des ${}^{87}Rb$ entstandenen ${}^{87}Sr$ und ${}^{87}Rb$ sind. Die lineare Approximation des Exponentialausdruckes in obiger Formel ist wegen des sehr kleinen Wertes von λ für nicht zu hohe Alter ($t < 10^9$ a) genügend genau. Die Genauigkeit der Datierung nach obiger Formel hängt also von der Genauigkeit der Bestimmung des Gehaltes an radiogenem ${}^{87}Sr$ und Rb ab, wobei ersteres bei jüngeren Mineralen nur in sehr kleinen Konzentrationen (in Größenordnung von 1 µg/g Material) vorliegt. Die Bestimmung des Sr und Rb wird heute fast ausschließlich mit der Isotopenverdünnungsmethode unter Verwendung von hochangereicherten ${}^{84}Sr$- oder ${}^{86}Sr$-"Isotopenspikes" durchgeführt (Aldrich 1956, Hintenberger 1960). Schumacher (1956) hat mit diesem Verfahren Rb- und Sr-Gehalte an den Steinmeteoriten "Forest-City" und "Pasamonte" und daraus Alter von $4.59 \pm 0.4 \times 10^9$ und $4.87 \pm 0.4 \times 10^9$ a bestimmt. In gleicher Weise, aber mit wesentlich verbesserten Meßmethoden und Genauigkeiten von $\pm 0.1\,^{o}/oo$ im Isotopenverhältnis ${}^{87}Sr/{}^{86}Sr$ haben Papanastassiou et al. (1970) Rb/Sr-Datierungen an Mondgestein vom "Apollo 11"-Unternehmen datiert und hierbei Alter von 3.65×10^9 und 4.6×10^9 a ermittelt.

Die ersten Altersbestimmungen nach der Rb/Sr-Methode sind vorwiegend an sehr Rb-reichen und Sr-armen Mineralen (Lepidolith) durchgeführt worden, bei denen das vorhandene Sr fast ausschließlich aus radiogenem Sr besteht. Diese Minerale sind aber relativ selten, und die Rb/Sr-Methode hat erst ihre große Bedeutung gewonnen, als es möglich war, in magmatischen Gesteinen häufig vorkommende Minerale, wie Biotit, Muskowit, Kalifeldspäte oder Proben des gesamten Gesteins zu datieren. Diese Minerale enthalten außer dem durch radioaktiven Zerfall entstandenen ^{87}Sr auch gewöhnliches Sr, das aufgrund seiner Isotopenzusammensetzung $^{84}Sr = 0.56$ %, $^{86}Sr = 9.86$ %, $^{87}Sr = 7.02$ %, $^{88}Sr = 82.56$ % mit zu der totalen ^{87}Sr-Konzentration beiträgt. Für den in die Formel eingehenden ^{87}Sr-Gehalt ist also die Differenz von totalem ^{87}Sr und Gehalt im gewöhnlichen ^{87}Sr, der aus der relativen Häufigkeit eines der anderen Isotope, meist ^{88}Sr, zu errechnen ist, einzusetzen. Es ist somit unmittelbar einzusehen, daß die Bestimmung der ^{87}Sr-Konzentration umso ungenauer wird, je mehr gewöhnliches Sr in der Probe vorhanden ist. Man ist daher bestrebt, Minerale für die Datierungen zu verwenden, die einen möglichst hohen Gehalt an radiogenem ^{87}Sr haben, also Rb-reich sind und möglichst wenig gewöhnliches Sr enthalten. Solche Minerale, die außerdem auch noch in ausreichender Menge in den meisten magmatischen Gesteinen enthalten sein müssen, sind in erster Linie die Glimmer. Die Gewinnung der reinen Biotit- und Muskowitfraktionen geschieht durch Trockenschütteltische (Faul 1959), Siebung und Gewinnung geeigneter Korngrößenfraktionen, Trennung in Magnetscheidern und weitere Reinigungsprozesse, die in manchen Fällen durch ein manuelles Auslesen (z.B. bei chloritisierten Biotiten) ergänzt werden müssen (vgl. auch E. Jäger 1962). Auf diese Weise werden Mineralfraktionen höchster Reinheit gewonnen, z.B. Biotit besser als 99,8 % Reinheit. Nach einem chemischen Aufschluß werden die Elemente Rb und Sr mit Hilfe von Ionenaustauschkolonnen getrennt (Schumacher 1956b, Aldrich 1956) und durch Isotopenverdünnungsanalyse quantitativ bestimmt. Einige Bearbeiter haben die Rb-Bestimmung auch mit der Neutronenaktivierungsanalyse durchgeführt (Cabell u. Smales 1957).

Das aus dem Verhältnis $^{87}Sr/^{87}Rb$ errechnete "Modellalter" ist unter folgenden Voraussetzungen als das wahre Alter des Minerals oder Gesteins anzusehen.

1. Die Isotopenzusammensetzung des bei der Mineral- oder Gesteinsbildung eingebauten Strontiums ist bekannt.

2. Vom Zeitpunkt der Kristallisation bis zur Probenentnahme ist das Mineral oder Gestein ein geschlossenes System gewesen, d.h. es ist während der geologischen Geschichte der Probe kein Sr oder Rb durch Sekundärprozesse, wie z.B. metamorphe Beanspruchung oder Auslaugung durch zirkulierende Lösungen zu- oder abgeführt worden.

Ob diese Voraussetzungen für eine untersuchte Probe erfüllt sind oder nicht, kann in vieler Weise geprüft werden. Zeigen alle kogenetischen Mineralfraktionen einer Gesteinsprobe (Biotit, Muskowit, Feldspat usw.) das gleiche Modellalter wie die Gesamtgesteinsprobe und stimmt dieses Rb/Sr-Alter auch noch mit den nach der K/Ar-Methode bestimmten Altern der gleichen Mineralfraktionen überein, so darf angenommen werden, daß dieses Alter den wahren Zeitpunkt der Bildung des Gesteins repräsentiert, besonders, wenn weitere Proben desselben Gesteinskörpers dieses Alter bestätigen. Häufig sind diese Voraussetzungen erfüllt. Kulp et al. (1963) hat aus der Literatur eine Liste von etwa 150 konkordanten Rb/Sr-Altern zusammengestellt, der eine Reihe von 22 Proben mit diskordanten Altern gegenübersteht. Verschiedene Vorgänge können zur Bildung von diskordanten Alterswerten führen.

1. Das zur Zeit t_1 gebildete Gestein wird zu einem späteren Zeitpunkt t_2 noch einmal metamorph beansprucht, wo-

bei sich die einzelnen Minerale neu bilden, aber kein Materialtransport über größere als mikroskopische Entfernungen stattfindet. Eine Gesteinsprobe als Ganzes stellt in diesem Fall ein geschlossenes System dar, innerhalb dessen eine Neuverteilung von Rb und Sr auf die einzelnen Minerale stattgefunden hat. Man erhält Alterswerte, die alle größer als t_2 sind, die Minerale haben radiogenes Sr "ererbt". Die Datierung einer Probe des Gesamtgesteins liefert in diesem Fall das richtige Alter t_1 der Erstbildung des Gesteins, während Sr-reiche und Rb-arme Minerale ein wesentlich höheres scheinbares Alter ergeben.

2. Das primär bei der Gesteinsbildung in die Minerale eingebaute "gewöhnliche Strontium" hat bereits sog. "ererbtes" radiogenes Strontium aufgenommen, das $^{87}Sr/^{86}Sr$-Verhältnis dieses Strontiums ist damit höher als der Normalwert von 0.708 ± 0.03 (Hurley 1963, Hart 1961). Das unter diesen Gegebenheiten mit dem Normalwert von 0.708 berechnete scheinbare Alter ist für alle Mineralfraktionen und für das Gesamtgestein zu hoch, und zwar um so mehr, je kleiner das Verhältnis von Rb-Gehalt zu Gesamt-Sr-Gehalt ist.

3. Das zur Zeit t_1 gebildete Gestein verliert ständig im Laufe seiner geologischen Geschichte oder zu einem späteren Zeitpunkt t_2 durch starke metamorphe Beanspruchung oder geochemische Prozesse, wie Auslaugung von Verwitterungslösungen und zirkulierenden Wässern, teilweise aber nicht vollständig Rb oder Sr, und auch eine Gesteinsprobe von 40 - 60 kg kann nicht mehr als geschlossenes System angesehen werden. Die scheinbaren Alter sind im Fall von Rb-Verlusten zu hoch, bei Sr-Verlusten oder Rb-Zufuhr zu niedrig. Ein ähnliches Bild liefern auch die sich aus der K/Ar-Datierung ergebenden Alter.

Für die Fälle 1 und 2 kann bei einer genügenden Anzahl von Proben des gleichen Gesteins und verschiedenen Mineralfraktionen derselben Probe unter bestimmten Voraussetzungen das wahre Alter der Bildung des Gesteins noch ermittelt werden, während im Falle eines offenen Systems (Fall 3) das wahre Alter meist nicht mehr angegeben werden kann.

3.3 Die Isochronenmethode

Nicolayson (1961) hat ein Verfahren der Auswertung von diskordanten Rb/Sr-Altern entwickelt, das von Lanphere et al. (1964) weiter ausgearbeitet wurde, mit dem für die o.g. Fälle 1 und 2 eine Ermittlung des wirklichen Gesteinsalters unter gewissen Voraussetzungen möglich ist. Schreibt man die Altersformel, bezogen auf das stabile Sr-Isotop ^{86}Sr, in folgender Form:

$$\frac{^{87}Sr}{^{86}Sr} = \left(\frac{^{87}Sr}{^{86}Sr}\right)_o + \frac{^{87}Rb}{^{86}Sr}\left(e^{+\lambda t} - 1\right) \quad (3\text{-}2)$$

oder $y = y_o + a(t) \cdot x$; mit $\frac{^{87}Sr}{^{86}Sr} = y$; $\frac{^{87}Rb}{^{86}Sr} = x$

so ist das die Gleichung einer Geraden im $\frac{^{87}Sr}{^{86}Sr} / \frac{^{87}Rb}{^{86}Sr}$ - System mit dem Anfangswert $\left(\frac{^{87}Sr}{^{86}Sr}\right)_o$, das ist das $^{87}Sr/^{86}Sr$-Isotopenverhältnis zum Zeitpunkt der Bildung des Minerals, und der Steigung $(e^{+\lambda t}-1)$.

Die Änderung der $\frac{^{87}Rb}{^{86}Sr}$ - und $\frac{^{87}Sr}{^{86}Sr}$ - Verhältnisse mit der Zeit t sind aus den Entwicklungslinien (Abb. 3.1) zu ersehen. Zum Zeitpunkt t_o, der Bildung des Gesteins, hat das in allen Mineralen mit verschiedenem Rb-Gehalt vorhandene Strontium das Isotopenverhältnis $y_o = \left(\frac{^{87}Sr}{^{86}Sr}\right)_o$.

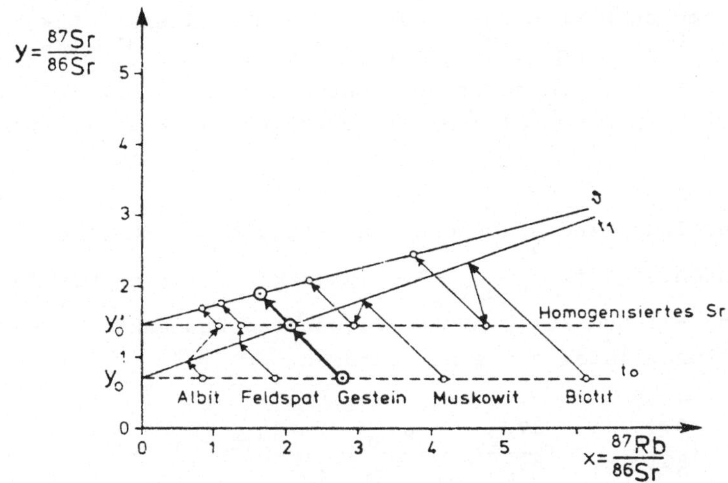

Abb. 3.1: Entwicklungsdiagramm der $^{87}Sr/^{86}Rb$- und $^{87}Rb/^{86}Sr$-Verhältnisse

Die ^{87}Sr- und ^{87}Rb-Gehalte in den einzelnen Mineralen ändern sich mit fortlaufender Zeit

$$(3\text{-}3) \qquad \frac{^{87}Sr}{^{86}Sr} = \left(\frac{^{87}Sr}{^{86}Sr}\right)_o + \left(\frac{^{87}Rb}{^{86}Sr}\right)_o (1-e^{-\lambda t}) \; :$$

$$\frac{^{87}Rb}{^{86}Sr} = \left(\frac{^{87}Rb}{^{86}Sr}\right)_o e^{-\lambda t}$$

und die Steigung

$$(3\text{-}4) \qquad \frac{d\left(\frac{^{87}Sr}{^{86}Sr}\right)}{d\left(\frac{^{87}Rb}{^{86}Sr}\right)} = -1$$

ist unabhängig vom Rb-Gehalt und der Zeit t.

Mit einfachen Worten heißt das: Jedes zerfallene ^{87}Rb-Atom wird ein ^{87}Sr-Atom, also jeder Schritt auf der ^{87}Rb/^{86}Sr-Achse rückwärts (in negative Richtung) ist gleichzeitig auf der ^{87}Sr/^{86}Sr-Achse ein Schritt vorwärts (in positive Richtung).

Die einzelnen Mineralkomponenten entwickeln sich also mit fortlaufendem t im $\frac{^{87}Sr}{^{86}Sr}/\frac{^{87}Rb}{^{86}Sr}$ - Diagramm auf Linien mit der Steigung -1. Zum Zeitpunkt t_1 liegen die Endpunkte dieser Entwicklungslinien auf einer Geraden.

$$(3\text{-}5)\qquad \left(\frac{^{87}Sr}{^{86}Sr}\right)_{t_1} = \left(\frac{^{87}Sr}{^{86}Sr}\right)_o + \left(\frac{^{87}Rb}{^{86}Sr}\right)_{t_1}\left(e^{+\lambda(t_o-t_1)}-1\right)$$

Zu diesem Zeitpunkt trete eine lokale Homogenisierung des Gesteins, z.B. durch Metamorphose ein, die sich in einer Auflösung der bestehenden Minerale, aber ohne einen Mineraltransport über nennenswerte Entfernungen auswirkt, so daß eine Gesteinsprobe als geschlossenes System angesehen werden kann. Bei diesem Prozeß werden Sr und Rb weder entfernt noch zugefügt, sondern nur neu verteilt. Das "gewöhnliche Strontium" in allen Mineralen, die sich zu diesem Zeitpunkt neu gebildet haben, hat ein 87/86-Isotopenverhältnis, das dem Durchschnittswert der gesamten Gesteinsprobe zur Zeit t_1 entspricht. Die ^{87}Sr/^{86}Sr-Werte für alle Minerale sind somit gleich dem des Gesamtgesteins $y'_o = \left(\frac{^{87}Sr}{^{86}Sr}\right)_{t_1}$. Die Meßpunkte für die einzelnen Minerale werden in dem Diagramm, also von der Isochrone t_1 in einer von den Rb- und Sr-Gehalten der neu gebildeten Minerale abhängigen Richtung auf eine horizontale neue Basislinie, die durch den unverschobenen Diagrammpunkt des Gesamtgesteins geht, hin verschoben. Der ^{87}Sr-Gehalt in den einzelnen Mineralkomponenten nimmt von diesem Zeitpunkt an wieder entsprechend dem Rb-Gehalt mit der Zeit zu, d.h. die an den einzelnen Mineralkomponenten entsprechenden Punkte bewegen sich wieder entlang der Entwicklungslinie mit der Steigung -1 und liegen zum heutigen Zeitpunkt auf einer neuen Isochrone

$$(3\text{-}6) \qquad \frac{^{87}Sr}{^{86}Sr} = \left(\frac{^{87}Sr}{^{86}Sr}\right)_{t_1} + \frac{^{87}Rb}{^{86}Sr}\,(e^{+\lambda t_1} - 1)$$

die bei dem erhöhten Wert $y'_o = \left(\frac{^{87}Sr}{^{86}Sr}\right)_{t_1}$ die Ordinate schneidet und eine Steigung hat, die durch das Alter t_1 der Metamorphose gegeben ist.

Ist ein Gesteinskomplex vor t_o Jahren gebildet und vor t_1 Jahren einer Metamorphose unterworfen worden, so liegen bei mehreren Gesteinsproben, die sich im Rb-Gehalt unterscheiden, die Gesamtgesteinsmeßpunkte auf einer Isochrone, deren Steigung $tg\ \alpha = (e^{+\lambda t_o} - 1)$ ist, während die einzelnen Mineralphasen jeder Probe wiederum auf Geraden liegen, die alle die gleiche Steigung $tg\ \alpha' = (e^{+\lambda t_1} - 1)$, aber verschiedene $\left(\frac{^{87}Sr}{^{86}Sr}\right)_o$-Werte B_i haben, je nach dem $^{87}Rb/^{86}Sr$-Verhältnis der diesen Mineralproben zugehörigen Ganzgesteinsprobe (Abb. 3.2)

Eine Reihe von Rb/Sr-Untersuchungen haben dieses Bild bestätigt. Jäger und Niggli (1964) konnten in einer Untersuchung des Rotondo-Granits zeigen, daß fünf verschiedene Gesteinsproben eine Isochrone mit einer dem Alter von 260 Ma entsprechenden Steigung und einem Anfangs-$^{87}Sr/^{86}Sr$-Verhältnis von 0.687 bis 0.700 liefern, während die Mineralphasen Biotit, Kalifeldspat, Gestein und Albit wiederum auf einer Geraden entsprechend einem Alter von 13 Ma und einem Anfangswert von 0.905 (Abb. 3.3) liegen. Ähnliche detaillierte Isotopenanalysen wurden auch von Long (1964) an einem Granit aus Schottland durchgeführt. Ebenso haben Lanphere et al. (1964) dieses Verfahren in Verbindung mit umfangreichen wei-

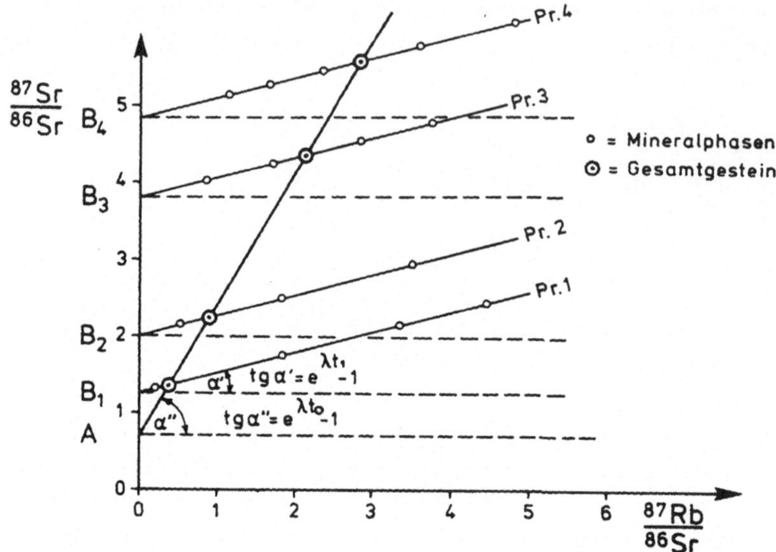

Abb. 3.2: Prinzip der Gesteins- und Mineralisochronen

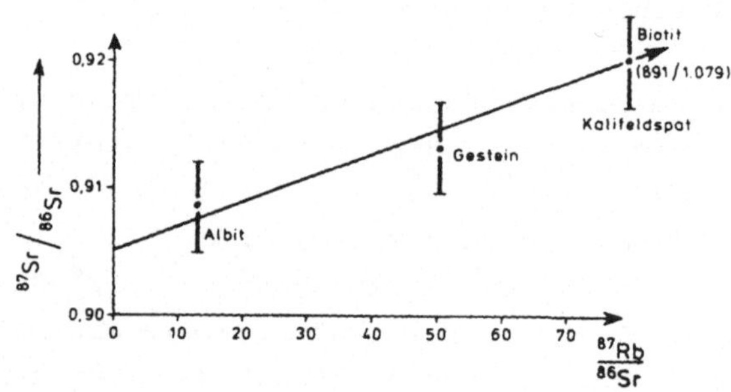

Abb. 3.3: Beispiel einer Mineralisochrone des Rotondo-Granits (nach E. Jäger u. E. Niggli 1964)

teren Isotopendatierungen nach der Pb/U- und der K/Ar-Methode angewendet, um die komplizierte geologische Geschichte eines Gneiskomplexes in Ost-Kalifornien zu klären.

Das Rb/Sr-Isochronenverfahren hat sich heute zu einer Standardmethode für die Datierung von Gesteinen entwickelt. Für die Behandlung eines Datierungsproblems ist eine Anzahl von Proben - möglichst sechs oder mehr - mit möglichst unterschiedlichen Rb/Sr-Verhältnissen erforderlich. Es wird daher zweckmäßigerweise im Gelände eine größere Probenzahl genommen, aus der mit Hilfe einer analytischen Schnellmethode (z.B. durch Röntgenfluoreszenzanalyse (RFA)) hinsichtlich des Rb- und Sr-Gehaltes geeignete Proben für die weitere Bearbeitung ausgesucht werden. Die relative Genauigkeit, mit der die Steigung der Isochrone und damit das Alter der Probenserie bestimmt werden kann, hängt von den zwei Meßgrößen ab: dem $^{87}Rb/^{86}Sr$-Verhältnis und dem $^{87}Sr/^{86}Sr$-Verhältnis. Bei kleinen Altern oder niedrigen $^{87}Rb/^{86}Sr$-Werten spielt die Genauigkeit des $^{87}Sr/^{86}Sr$-Verhältnisses die entscheidende Rolle. Bisher war diese Datierungsmethode aus diesen Gründen auf saure Intrusivgesteine, wie z.B. Granite, beschränkt, und für basische Gesteine konnten lediglich Mineraldatierungen vorgenommen werden, mit denen, wie oben schon gesagt wurde, eine Bestimmung des Intrusionsalters nicht immer möglich ist. Erst in jüngster Zeit, nachdem es mit der Weiterentwicklung der massenspektrometrischen Meßverfahren und der Einführung der digitalen Datenausgabe möglich wurde, dieses Isotopenverhältnis auf 0.01 % genau zu messen, kann die Anwendung dieser Datierungsmethode auch auf basische Gesteine ausgedehnt werden.

Rechenverfahren, durch eine lineare Anordnung von Meßpunkten eine optimale Gerade nach der Methode der kleinsten Quadrate zu legen, sind von Brooks et al. (1969), McIntrye et al. (1966) und York (1969) ausgearbeitet worden. Mit den in diesen Arbeiten angegebenen Rechenprogrammen können aus den Meßwerten nebst ihren Fehlergrenzen die Werte für die Steigung der Isochronen und den Anfangswert einschließlich deren Fehlergrenzen berechnet werden.

Zur Berechnung einer Regressionsgeraden aus Meßpunkten mit Fehlern in x- und y-Richtung sind die Parameter a und b einer Geraden

$$y = ax + b$$

nach der Methode der kleinsten Quadrate zu bestimmen. Man erhält folgende Formeln:

$$(3\text{-}7) \qquad a = \frac{\overline{xy} - \bar{x}\cdot\bar{y}}{\overline{x^2} - \bar{x}^2}; \qquad \sigma a^2 = \frac{1}{\Sigma w_i}\,\frac{1}{\overline{x^2} - \bar{x}^2}$$

$$b = \bar{y} - a\bar{x}; \qquad \sigma b^2 = \overline{x^2}\cdot\sigma a^2$$

mit $\bar{x} = \dfrac{\Sigma w_i x_i}{\Sigma w_i}$; $\overline{xy} = \dfrac{\Sigma w_i x_i y_i}{\Sigma w_i}$ usw.

wobei die Gewichtsfaktoren w_i die individuellen Fehler σx_i und σy_i enthalten.

$$(3\text{-}8) \qquad w_i = \frac{1}{a^2\sigma x_i^2 - 2r\cdot a\cdot\sigma x_i\cdot\sigma y_i + \sigma y_i^2}$$

Hierbei ist für a zunächst ein Näherungswert anzunehmen, der dann ggf. in einer wiederholten Berechnung durch den nach (3-7) berechneten Wert zu ersetzen ist. Der Korrelationskoeffizient r der Fehler σx und σy ist im Fall einer Rb/Sr-Isochrone gleich Null, so daß hier mit Gewichtsfaktoren

$$(3\text{-}9) \qquad w_i = \frac{1}{a^2\sigma x_i^2 + \sigma y_i^2}$$

gerechnet werden kann. Im Gegensatz hierzu sind die nach (3-7) berechneten Fehler der Steigung der Isochrone σa und des Anfangswertes σb sehr stark (negativ) korreliert. Der Korrelationskoeffizient r_{ab} zwischen diesen beiden Fehlern ist

$$r_{a,b} = \frac{-\bar{x}}{\sqrt{\overline{x^2}}} \tag{3-10}$$

und die die Gerade (Isochrone) einhüllenden 1σ-Fehlerkurven sind Hyperbeln (Abb. 3.4)

$$\sigma y^2 = x^2 \sigma a^2 + 2r_{ab} \cdot x\sigma a \cdot \sigma b + \sigma b^2 \tag{3-11}$$

deren Asymptoten mit den Steigungen $a + \sigma a$ bzw. $a - \sigma a$ durch den Punkt $(\bar{x},\bar{y})$ verlaufen. An diesem Punkt sind die Fehlerhyperbeln (in y-Richtung) am dichtesten an der Isochrone und hier ist

$$(\sigma y^2)_{min} = \frac{1}{\Sigma w_i} \tag{3-12}$$

Häufig sind in den Isochronendarstellungen, besonders bei hohen $^{87}Rb/^{86}Sr$-Verhältnissen, die Meßfehler kleiner als die gezeichneten Meßpunkte, so daß ihre Abweichungen von der Isochrone nicht gut erkennbar sind. Es ist daher sinnvoll, eine sogenannte "reduzierte Isochrone" zu zeichnen, in der nur die Abweichung Δy_i der Meßpunkte von der Isochrone

$$\Delta y_i = y_i - ax_i - b$$

oder die gewogene Abweichung

$$\chi_i = \frac{\Delta y_i}{\sqrt{a^2 \sigma x_i^2 + \sigma y_i^2}}$$

Abb. 3.4: Isochrone mit Fehlerhyperbeln

als Funktion von x aufgetragen wird. Im letzteren Fall sind alle Fehlerbalken $= \pm 1$, d.h. bei einer "guten" Isochrone sollten alle Meßpunkte statistisch mit $\sigma = \pm 1$ um die x-Achse schwanken.

Ein Test, ob die Meßpunkte tatsächlich nur im Rahmen ihrer Meßfehler um die Isochrone schwanken, ist durch die gewogene mittlere Schwankung $\bar{X}$

$$(3\text{-}13) \qquad \bar{X} = \sqrt{\frac{\Sigma w_i}{n-2}\left(\left(\overline{y^2} - \bar{y}^2\right) - a^2\left(\overline{x^2} - \bar{x}^2\right)\right)}$$

gegeben.

$\bar{X}$ sollte ≈ 1 sein.

3.4 Das Compston-Jeffery-Verfahren

Auf eine etwas andere Weise haben Compston u. Jeffery (1961) aus den $^{87}Sr/^{86}Sr$- und $^{87}Rb/^{86}Sr$-Werten die Mineralphasen des Metamorphosealters unter der Voraussetzung einer vollständigen Homogenisierung in situ ermittelt.

Die Gleichung

$$(3\text{-}14) \quad \Theta = (e^{\lambda t}-1) = \frac{\frac{^{87}Sr}{^{86}Sr} - \left(\frac{^{87}Sr}{^{86}Sr}\right)_o}{\frac{^{87}Rb}{^{86}Sr}} = (y - y_o)\frac{1}{x}$$

oder $\quad \Theta = (y - \eta)\frac{1}{x}$

stellt eine Gerade im Θ,η-Diagramm dar, wenn der Anfangs-$\frac{^{87}Sr}{^{86}Sr}$-Wert y_o bei durch die Messung festgelegten y- und x-Werten als Variable η aufgefaßt wird (Abb. 3.5). Falls alle Mineralphasen das gleiche Alter haben, so schneiden sich die diesen Phasen im Diagramm entsprechenden Geraden in einem Punkt $\Theta_o\, y_o$, der dem Alter der letzten totalen Homogenisierung und dem ursprünglichen $^{87}Sr/^{86}Sr$-Wert y_o entspricht. Hat das Gestein zu einem späteren Zeitpunkt Θ_o' nach der Erstbildung (Alter Θ_o) eine Homogenisierung z.B. durch Metamorphose durchgemacht, so schneiden sich die durch die für die einzelnen Mineralphasen erhaltenen y- und x-Werte festgelegten Geraden ebenfalls in einem Punkt Θ'_o, y_o', wobei $y_o' > y_o$ ist. Der Schnittpunkt der Gesteinsgeraden mit der Geraden $y = y_o$ oder der Schnittpunkt mehrerer Gesteinsgeraden liefert dann das Alter Θ_o der Gesteinserstbildung.

Die Entwicklungslinien in Abb. 3.6 beginnen alle im Punkt Θ_o, y_o, und zur Zeit Θ_o' haben die y-Werte der einzelnen Mineralphasen die durch die Schnittpunkte ihrer Entwicklungslinien mit der Horizontalen $\Theta = \Theta_o'$ festgelegten Werte angenommen. Durch

Abb. 3.5: Compston-Jeffery-Diagramm im Einstufenfall

Abb. 3.6: Compston-Jeffery-Diagramm im Zweistufenfall

die Homogenisierung werden dann alle y zu y_o'; und die Entwicklungslinien beginnen erneut im Punkt Θ_o', y_o'. Die Auswirkungen weiterer Vorgänge, wie partielle ^{87}Sr- oder ^{86}Sr-Umlagerung, Kontamination nach der Probennahme, ein oder mehrere Metamorphosen mit Homogenisierungen usw. sind von Riley u. Compston (1962) in einer umfangreichen theoretischen Analyse diskutiert worden.

In einigen Fällen sind mit dem Verfahren von Compston bestimmte Prozesse, die zu diskordanten Mineralaltern führen, besser zu erkennen als mit der Isochronendarstellung. Überwiegend wird aber die letztere verwendet, da außer der besseren Anschaulichkeit sie auch für die statistisch rechnerische Datenverarbeitung besser geeignet ist. Es muß aber darauf hingewiesen werden, daß selbst bei nach geologisch und petrographisch einwandfreien Gesichtspunkten entnommene Probenserien nicht immer für die Mineral- oder Ganzgesteinsisochronen oder in den Compston'schen Diagrammen so klar interpretierbare Bilder gewonnen werden. Hat z.B. bei einer späteren sekundären Beanspruchung, wie eine schwache Metamorphose, keine vollständige Homogenisierung der Rb und Sr zwischen den Mineralen stattgefunden und diese Elemente sind nur z.T. ausgetauscht worden, so liefern die Minerale keine echte Isochrone mehr; sie streuen in dem Nicolaysen'schen Isochronendiagramm zwischen den dem Primäralter t_o und dem Sekundäralter t_1 entsprechenden Isochronen. Auch für eine Ganzgesteinsisochrone sind die Voraussetzungen nicht mehr erfüllt, wenn eine der Probengröße (meist 30 bis 50 kg) entsprechende Gesteinsmenge hinsichtlich der Elemente Rb und Sr nicht mehr als geschlossenes System angesehen werden kann und chemische Lösungsvorgänge diese Elemente über größere Entfernungen transportiert haben. Auch bei einer zufälligen mehr oder weniger linearen Anordnung der Meßpunkte sind Streuungen der Meßpunkte um diese "Pseudoisochrone", die die analytischen Fehlergrenzen überschreiten, starke Hinweise darauf, daß man es hier nicht mit einer echten Isochrone, aus der ein verläßlicher Alterswert bestimmt werden kann, zu tun hat. Wertvolle Hilfe leisten hier die Ergebnisse anderer Datierungsmethoden. Kulp et al. (1963) haben z.B. gezeigt, daß bei Verlusten von Kalium, Rubidium und Strontium durch von Verwitterungslösungen bedingte Auslaugung bei vielen Mineralen das K/Ar-"Alter" verhältnismäßig wenig verändert wird, während das Rb/Sr-"Alter" sehr stark beeinflußt wird.

Literatur

Aldrich et al.: Phys. Rev. 103, 1045, 1956.

Aldrich, L.T. & Wetherill, G.W.: Geochronology by radioactive Decay. - Annual Rev. Nucl. Sci. 8, 257, 1958.

Aldrich, L.T.: Measurement of Radioactive Ages of Rocks. - Science 123, 871-875, 1956.

Cabell, M.J. & Smales, A.A.: The Determination of Rubidium and Caesium in Rocks, Minerals and Meteorites by Neutronactivationsanalysis. - Analyst 82, 390-906, 1957.

Compston, W. & Jeffery, P.M.: Metamorphic Chronology by the Rubidium-Strontium-Method. - Anal. N.Y. Ac. Sci. 91, Art. 2., 185-191, 1961.

Faul, H. & Davis, G.L.: Mineralseparation with asymetric vibrators. - Am. Min. 44, 1076-1082, 1959.

Faul, H. & Jäger, E.: Rb-Sr age determinations on micas and total rocks from the alps. - J. Geoph. Res. 67, 5285-5293, 1962.

Flynn, K.F. & Glendenin, L.E.: Half-Life and Beta-spectrum of Rb^{87}. - Phys. Rev. 116, 744-748, 1958.

Fritze, K. & Strassmann, F.: Indirekte Bestimmung der Halbwertszeit des Rubidiums. - Z. Naturforsch. 11a, 277-280, 1956.

Glendenin, L.E.: Present Status of the Decay Constants. - Anal. N.Y. Ac. Sci. Vol. II, Art. 2., 166-180, 1961.

Hahn, O., Strassmann, F. & Wallig, E.: Herstellung wägbarer Mengen des Strontiumsisotops ^{87}Sr als Umwandlungsprodukt des Rubidiums aus einem kanachitischen Glimmer. - Naturw. 25, 189, 1937.

Hart, St.R.: Mineral Ages and Metamorphism. - Anal. N.Y. Ac. Sci. 91, Art. 2., 192-198, 1961.

Hintenberger, H.: Die Rubidium-Strontium-Methode. - Geol. Rundschau 42, 197, 1960.

Hurley, P.M., Fairbairn, H.W., Faure, G. & Pinson, W.H.: New Approaches to Geochronology by Strontium Isotope Variations in whole Rocks. - Radioactive Dating: STI/PUB/68, 201-218, 1963, IAEA, Wien.

Huster, E.: A Redetermination of the Life of ^{87}Rb. - Nucl. Sc. Ser. Rep. No. 19, 195, 1956.

Jäger, E. & Niggli, E.: Rubidium-Strontium-Isotopenanalysen an Mineralen und Gesteinen des Rotondogranites und ihre geologische Interpretation. - Schweiz. Mineral. Petrogr. Mitt. 44, 61-81, 1964.

Kulp, J.L. & Engels, J.: Discordances in K/Ar and Rb/Sr Isotopic Ages. - Radioactive Dating: STI/PUB/68, 219-238, 1963, IAEA, Wien.

Lanphere, M.A., Wasserburg, G.J.F., Albee & Tilton, G.R.: Redistribution of Strontium and Rubidium Isotopes during metamorphism world beater complex, panimint ranges, California. - Isotopic and Cosmic chemistry by Miller, Wasserburg, North Holland, 269-320, 1964.

Libby, W.F.: Simple Absolute Measurement Technique for Beta Radioactivity, Application to Naturally Radioactive Rubidium. - Anal. Chem. 29, No. 11, 1566, 1957.

Mattauch, J.: Das Paar ^{87}Rb-^{87}Sr und die isobaren Regeln. - Naturw. 25, 189, 1937.

McIntyre, G.A., Brooks, C., Compston, W. & Turek, A.: The Statistical Assessment of Rb-Sr Isochrons. - J. Geophys. Res., Vol. 71, No. 22, 5459-5468, 1966.

McMullen, C.C., Fritze, K. & Tomlinson, R.H.: The Half Life of Rubidium-87. - Can. J. Phys. 44, 3033-3038, 1966.

Nicolaysen, L.O.: Graphic Interpretation of discordant age measurements on metamorphic rocks. - Anal. N.Y. Ac. Sci. Vol. 91, Art. 2., 198-206, 1961.

Riley, G.H. & Compston, W.: Theoretical and technical aspects of Rb-Sr geochronology. - Geoch. Cosmochim. Acta 26, 1255-1281, 1962.

Schumacher, E.: Isolierung von K, Rb, Sr, Ba und seltenen Erden aus Steinmeteoriten. - Helv. Chim. Acta 39, 531-537, 1956.

Schumacher, E.: Altersbestimmung von Steinmeteoriten nach der Rb-Sr-Methode. - Z. f. Naturf. 11a, 206-212, 1956.

Shields, W.R., Garner, E.L., Hedge, C.E. & Goldich, S.S.: Survey of $^{85}Rb/^{87}Rb$ Ratio in Minerals. - J. Geophys. Res. 68, 2331-2334, 1963.

Strassmann, F. & Wallig, E.: Ber. Dtsch. chem. Ges. 71, 1, 1938.

York, D.: Leastsquares fitting of a straight line. - Can. J. Phys. 44, 1079-1086, 1966.

4. Die Samarium-Neodym-Methode

Durch die Entdeckung der Radioaktivität des ^{147}Sm-Isotops, das durch α-Zerfall mit einer Halbwertszeit von 106×10^9 a ($\lambda = 6.54 \times 10^{-12}\ a^{-1}$) das radiogene ^{143}Nd-Isotop bildet, steht eine weitere Datierungsmethode zur Verfügung. Sowohl Sm als auch Nd haben eine größere Zahl von stabilen Isotopen (vgl. Tab. 4.1), so daß alle Voraussetzungen für Isotopenverdünnungsanalyse und Fraktionierungskorrektur (vgl. Kap. 2) gegeben sind. Es wird ganz analog zur Rb/Sr-Methode das Isochronenverfahren

$$\frac{^{143}Nd}{^{144}Nd} = \left(\frac{^{143}Nd}{^{144}Nd}\right)_o + \frac{^{147}Sm}{^{143}Nd}\left(e^{\lambda t}-1\right) \tag{4-1}$$

angewendet. Wegen der sehr hohen Halbwertszeit des ^{147}Sm und der häufig nur kleinen $^{147}Sm/^{144}Nd$-Verhältnisse wird der zweite Term auf der rechten Seite der Gl. (4-1) im Vergleich zur ersten nur sehr klein, d.h. es ist eine relativ sehr hohe Meßgenauigkeit notwendig, wenn diese Methode zur Bestimmung von Altern von einigen 100 Ma angewendet werden soll. Eine 500 Ma alte Probe mit einem $^{147}Sm/^{144}Nd$-Verhältnis von 0.5 würde ein $^{143}Nd/^{144}Nd$-Anfangsverhältnis von 0.51360 nur um 0.0016 erhöhen, d.h. um diese Erhöhung auf $\pm$ 1 % genau zu bestimmen, ist eine Meßgenauigkeit von $\pm 1.6 \times 10^{-5}$ im $^{143}Nd/^{144}Nd$-Verhältnis erforderlich. Die chemische Abtrennung des Sm und Nd aus der mit ^{147}Nd- und ^{148}Sm-Isotopenspike versetzten Probe erfolgt über Ionenaustauscherkolonnen, wie sie von Nakamura et al. (1976) oder Lugmair et al. (1975) beschrieben sind.

Die Sm/Nd-Methode ist vorwiegend für basische Gesteine geeignet, wo die Rb/Sr-Methode wegen zu geringer $^{87}Rb/^{86}Sr$-Verhältnisse nicht mehr anwendbar ist. Außer Gesamtgestein können auch Minerale, wie Pyroxene, Clinopyroxene, Horn-

Tab. 4.1: Isotope des Sm und des Nd

Atomgewicht	Sm (%)	Nd (%)	$^{x}Sm/^{154}Sm$ *)	$^{x}Nd/^{146}Nd$ **)
142	-	27.11	-	1.138305 9
143	-	12.17	-	$(0.511847)_{Ch}$
144	3.09	23.85	0.13515 1	1.000
145	-	8.30	-	0.348956 6
146	-	17.22	-	0.724134 10
147	14.97	-	0.65918 2	-
148	11.24	5.73	$(0.49419)_{N}$	$(0.243075)_{N}$
149	13.83	-	0.60750 2	-
150	7.44	5.62	0.32440 2	0.238619 6
151	-	-	-	
152	26.72	-	1.17537 4	
153	-	-	-	
154	22.71	-	1.000	

*) Sm-Isotopenverhältnisse normalisiert auf $^{148}Sm/^{154}Sm = 0.49419$

**) Nd-Isotopenverhältnisse normalisiert auf $^{148}Nd/^{144}Nd = 0.243075$ (Wasserburg et al. 1981)

blende und besonders Granat, der meist das höchste $^{147}Sm/^{144}Nd$-Verhältnis hat, verwendet werden. Die Abb. 4.1 und 4.2 zeigen die Datierung von Apollo 17-Mondgesteinen nach der Sm/Nd-Methode im Vergleich zur Rb/Sr-Methode (Nakamura, Tatsumoto et al. 1976). In günstigen Fällen können auch relativ junge Alter nach der Sm/Nd-Methode bestimmt werden, wie die Datierung des Ronda-Ultrabasischen Komplexes (Abb. 4.3) mit 21.5 ± 1.8 Ma durch Zindler et al. (1983) zeigt.

Literatur

Lugmair, G.W., Scheinin, N.B. & Marti, K. (1975): Sm-Nd age and history of Apollo 17 basalt 75 075. Evidence for early differentiation of lunar exterior. - Proc. Lunar Sci. Conf. 6th, 1419-1429; New York.

Nakamura, N., Tatsumoto, M., Nunes, P.D., Unruh, D.M., Schwab, A.P. & Wildeman, T.R. (1976): 4.4 b.y. old clast in Boulder 7 Apollo 17. A comprehensive geochronological study by U/Pb, Rb/Sr and Sm/Nd methods. - Proc. 7th Lunar Sci. Conf., 2309-2333, New York.

Zindler, A., Standigel, H. Hart, S.R. Endres, R. & Goldstein, S. (1983): Nd and Sr isotope study of a mafic layer from Ronda ultramafic complex. - Nature, 304, 226-230.

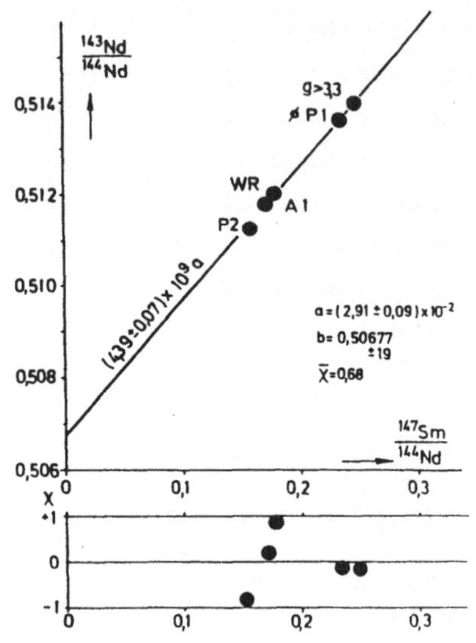

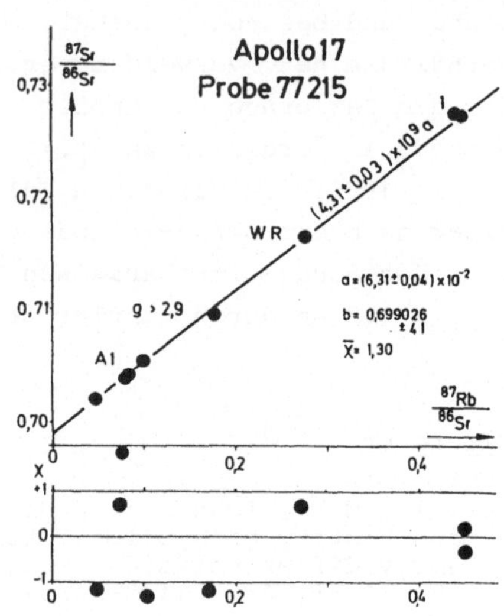

Abb. 4.1: Sm/Nd-Isochrone von Apollo 17-Mondgestein (nach Nakamura et al. 1976)

Abb. 4.2: Rb/Sr-Isochrone von Apollo 17-Mondgestein

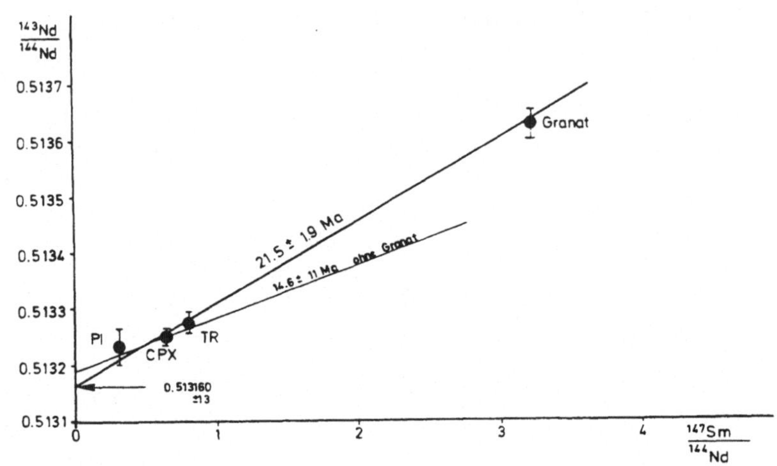

Abb. 4.3: Sm/Nd-Isochrone aus dem Ronda-Ultrabasischen Komplex (nach Zindler et al. 1983)

5. Die K/Ar-Methode und K/Ca-Methode

5.1 Isotope des Kaliums, Konstanten und Formeln

Ein weiteres, in der Natur häufig vorkommendes, langlebiges radioaktives Isotop ist das ^{40}K. Nach Nier (1950) hat das Element Kalium folgende Isotopenhäufigkeiten:

$$^{39}K = 93.08\ \%; \quad ^{40}K = 0.0119\ \%; \quad ^{41}K = 6.91\ \%.$$

Das Zerfallsschema (Abb. 5.1) des ^{40}K zeigt einen ß-Zerfall zum ^{40}Ca und einen K-Einfang mit anschließender γ-Emission zum ^{40}A.

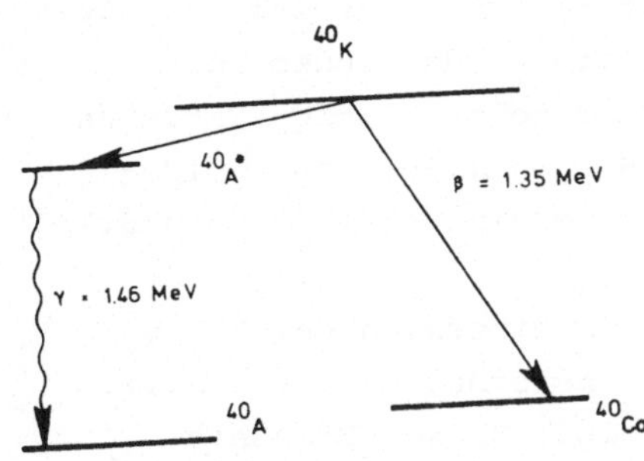

Abb. 5.1: Das ^{40}K-Zerfallsschema

Nach Glendenin (1961) beträgt die spezifische ß-Aktivität des Kaliums

$$28.2 \pm 0.3\ \left(\frac{dpm}{gK}\right),$$

woraus eine ß-Halbwertszeit $T_ß = (1.42 \pm 0.02) \times 10^9$ a und $\lambda_ß = (4.72 \pm 0.05) \times 10^{-10}\ a^{-1}$ resultiert.

Nach Steiger u. Jäger (1979) betragen die Zerfallskonstanten

$$\lambda_ß = 4.962 \times 10^{-10}\ a^{-1}$$
$$\lambda_K = 0.581 \times 10^{-10}\ a^{-1}$$
$$\lambda = \lambda_ß + \lambda_K = 5.534 \times 10^{-10}\ a^{-1} = T_{1/2} = 1.25 \times 10^9\ a$$

Somit ergeben sich für Kaliumminerale prinzipiell zwei Datierungsmöglichkeiten, nämlich:

(5-1) $$\frac{^{40}Ca}{^{40}K} = \frac{\lambda_\beta}{\lambda_\beta + \lambda_K} (e^{+\lambda t}-1)$$

und

(5-2) $$\frac{^{40}A}{^{40}K} = \frac{\lambda_K}{\lambda_\beta + \lambda_K} (e^{+\lambda t}-1)$$

oder nach t aufgelöst:

$$t = 1804.08 \times \ln(1 + 1.4262 \times 10^{-3} \times \frac{^{40}A}{K})$$

t in (Ma), ^{40}Ar in 10^{-7} cm³ STP, K in Gewichts-%

Die Ca/K-Methode ist nur in Ausnahmefällen anzuwenden, da das radiogene Tochterprodukt ^{40}Ca nur in Mineralen, die sehr arm an gewöhnlichem Kalzium sind, mit ausreichender Genauigkeit nachweisbar ist. Das ^{40}Ca ist mit 96 % das weitaus häufigste Isotop des gewöhnlichen Kalziums, das zudem noch selbst ein sehr häufiges Element darstellt. Einige Datierungen nach dieser Methode sind von Herzog (1956) an Lepidolithen und Sylviniten durchgeführt worden (Abb. 5.2 und 5.3).

Marshall u. de Paolo (1982) haben an Mineralen des Pikes Peak Granites eine $^{40}Ca/^{40}K$-Isochrone erhalten (Abb. 5.2), die ein Alter von 1040 ± 20 Ma ergibt. Dieses Ergebnis stimmt mit dem Rb/Sr-Gesamtgesteinsalter von 1015 ± 9 Ma im Rahmen der Fehler (± 1 σ) gut überein.

Im Gegensatz hierzu ist die $^{40}A/^{40}K$-Methode wegen der fast totalen Abwesenheit von gewöhnlichem Argon (-Luftargon) weitaus häufiger anwendbar. Obwohl wegen der für die Bestimmung des radiogenen ^{40}A sehr ungünstigen Häufigkeitsverteilung des gewöhnlichen Argons (^{40}A = 99.7 %) und der im Vergleich zum radiogenen ^{40}Ca zehnmal geringeren Menge schon kleine Mengen gewöhnlichen Argons die Meßgenauigkeit erheblich beeinträchtigen können, ist die Konzentration von

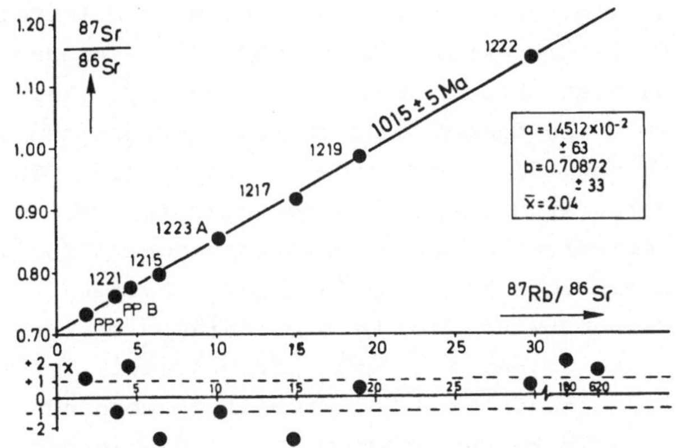

Abb. 5.2: Ca/K-Mineralisochrone (nach Marshall u. de Paolo 1982)

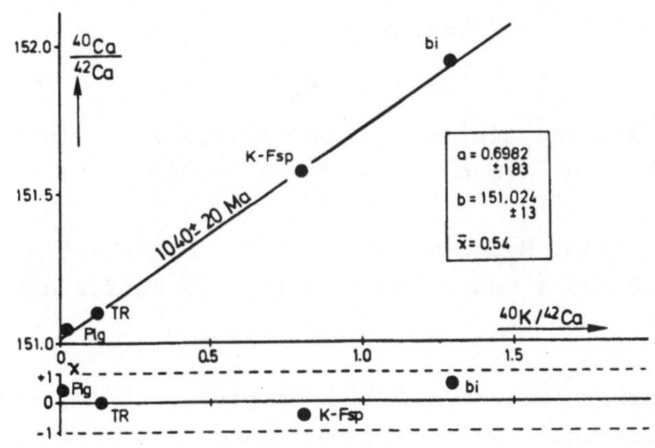

Abb. 5.3: Rb/Sr-Gesamtgesteinsisochrone des Pikes Peak Granits (Colorado)

(meist adsorbiertem) gewöhnlichem Argon im allgemeinen so klein, daß die Korrektur hierfür über das ^{36}A genügend genau durchführbar ist. Erst bei extrem jungem oder kaliumarmem Material treten in dieser Hinsicht Schwierigkeiten auf. Die Argonbestimmung, die von Gentner u. Kley (1957,1958) volumetrisch durchgeführt wurde, wird jetzt fast ausschließlich nach dem Verfahren der Isotopenverdünnungsanalyse vorgenommen, wobei ein sehr hoch in ^{38}A angereichertes, sog. Spike-Argon, verwendet wird. Die meisten Anlagen basieren auf dem von Wasserburg u. Hayden (1955) beschriebenen System, wobei dem beim Schmelzaufschluß der Probe frei werdenden Probenargon der ^{38}A-Spike zugegeben wird und das in der anschließenden Reinigung über CuO und Ti und Ausfrieren in Holzkohle rein gewonnene Argon im Massenspektrometer isotopisch analysiert wird. Änderungen und Verbesserungen wurden von Wetherill et al. (1956), Long u. Kulp (1962) und anderen Bearbeitern eingeführt. Als Isotopen-Spike wird von Clusius, Zürich, ein extrem reines ^{38}A hergestellt.

	^{36}A	^{38}A	^{40}A
^{38}A-Spike Zürich	0.003 %	99.982 %	0.015 %
Atmosph. Argon	0.337 %	0.063 %	99.6 %

Damit kann eine Meßgenauigkeit in der Argonbestimmung von besser als ± 1 % und im Modellalter von besser als ± 1.5 % erreicht werden.

Als datierbare Minerale werden am häufigsten Biotite und Muskowite verwendet, weiterhin Feldspäte, das Gesamtgestein und auch kaliumarme Minerale, wie Albit (Damon 1964), Kalzit und Flußspat (Lippolt u. Gentner 1963) und Hornblende, wobei kleinste Argonkonzentrationen von $10^{-7}\ \frac{cm^3}{g}$ mit wenigen Prozent Fehlerbreite bestimmt werden. Für die Datierung von Sedimenten sind Glaukonite, deren Kaliumgehalt in der gleichen Größenordnung wie für Biotite liegt, gut geeignet.

Polevaya et al. (1961) haben eine große Zahl von Glaukoniten aus verschiedenen Gebieten der USSR und Chinas, die eine Altersspanne zwischen 40 Ma bis 1200 Ma Jahren überdecken, untersucht und eine gute Übereinstimmung mit den geologischen Daten erhalten. Ebenso hat eine Vergleichsdatierung eines 10^9 a alten Glaukonits nach der K/Ar- und der Rb/Sr-Methode von Gulbrandsen et al. (1963) im Rahmen der Analysenfehler zu gleichen Ergebnissen geführt.

Odin (1983) hat die Glaukonitdatierung zur Kalibrierung der absoluten Zeitskala verwendet und Testkriterien für die Brauchbarkeit von Glaukoniten zur Datierung entwickelt. Vulkanisches Glas und Tektite wurden von Gentner u. Lippolt (1963) und von Zähringer (1963) datiert, wobei mit Argongehalten von 5×10^{-8} cm^3/g Alter von 0.6 Ma mit einer Meßgenauigkeit von ± 10 % ermittelt wurden. Extrem junge Alter von einigen 10^5 a wurden von Evernden et al. (1958) gemessen. Schaffer et al. (1961) konnten durch Vergleich mit Biotitdatierungen zeigen, daß vulkanisches Glas, sofern die Korngröße nicht zu gering ist, für die Datierung von vulkanischen Gesteinen geeignet ist.

5.2 Störungen des K/Ar-Verhältnisses

Da das radiogene Tochterisotop einem gasförmigen Element angehört, ist ein Verlust des Tochterproduktes durch Diffusion aus dem Mineralverband oder eine Zuwanderung radiogenen Argons, letzteres besonders bei K-armen Mineralen, in noch stärkerem Maße zu befürchten als z.B. bei der Rb/Sr-Methode. Damon (1964) fand in Albiten mit einem K-Gehalt von 0.008 % einen Überschuß von radiogenem Argon von 5×10^{-7} cm^3/g, womit frühere Ergebnisse von Damon u. Kulp (1957) bestätigt werden. Im Gegensatz zu diesem sog. "ererbten" radiogenen Argon steht der Verlust durch Diffusion, der bei Kalifeldspäten häufig beobachtet wird, wodurch diese Minerale leicht zu geringe scheinbare Alter ergeben.

Eine Untersuchung von Alderich u. Wetherill (1958) an kogenetischen Glimmern und Feldspäten zeigt, daß etwa 90 % der Vergleichsproben einen Wert R = ($^{40}Ar/^{40}K$ Glimmer : $^{40}Ar/^{40}K$-Feldspat) > 1 ergeben, hingegen die K-Ar-Alter der Glimmer mit den Rb-Sr-Altern eine befriedigende Übereinstimmung ergaben. Gentner u. Kley (1957) stellten fest, daß bei syngenetischen Glimmern und Feldspäten letztere 5 - 7 % niedrigere K/Ar-Alter aufwiesen, was man durch Diffusionsverluste zu erklären versuchte. Die Argon-Abgabe nimmt mit geringerer Korngröße zu, wie die Experimente von Gentner u. Kley (1957) gezeigt haben (Abb. 5.4). Die Argon-Abgabe mit zunehmender Mineralzerkleinerung geht nicht parallel mit der relativen Vergrößerung des Oberflächen- zu Volumenverhältnisses, was darauf schließen läßt, daß das radiogene Argon im Feldspatkristall nicht gleichmäßig verteilt ist, sondern von den ehemaligen Kalium-Gitterplätzchen entfernt wird und sich an inneren Oberflächen konzentriert. Das Problem des Argonverlustes durch Diffusion ist von zahlreichen Autoren studiert worden. Reynolds (1957) hat die relative Argon-Abgabe $f = \frac{C_o - C}{C_o}$ (C = Argonkonzentration im Mineral) nach 48-stündigem Verweilen auf einer vorgegebenen Temperatur (300° - 900°) durch Isotopenverdünnungsanalyse gemessen. Aus der Diffusionstheorie erhält man für die Größe f die Beziehung:

(5-3) $$f = \frac{C_o - C}{C_o} = 1 - \frac{6}{\pi^2} \sum_1^{\infty} \frac{1}{n^2} \cdot \exp\left(\frac{n^2 \pi^2 D \cdot t}{a^2}\right)$$

wobei
C_o = A-Konzentration im Mineral vor der Erhitzung
C = A-Konzentration im Mineral nach der Erhitzung
D = Diffusionskonstante
a = Radius der Kristalle
t = Diffusionszeit

bedeutet (vgl. auch Jost 1952). Für kleine f ($f < 0.3$) konvergiert diese Reihe sehr langsam, und die von Carslaw u. Jaeger (1959) angegebene Näherungsformel

Abb. 5.4: Argonverlust als Funktion der Korngröße (nach Gentner u. Kley 1957)

$$(5\text{-}4)\qquad f = \frac{6}{\sqrt{\pi}}\sqrt{\frac{D\cdot t}{a^2}} - \frac{Dt}{a^2}$$

ist besser geeignet. Für eine homogene Argonverteilung sollte die Temperaturabhängigkeit der Diffusionskonstante gegeben sein durch

$$(5\text{-}5)\qquad D = D_o\cdot \exp\left(-\frac{Q}{RT}\right)$$

(mit Q = Aktivierungsenergie (cal/mol); R = Gaskonstante; T = absol. Temperatur).

Reynolds (1957) erhält für Feldspat Diffusionskonstanten von $>10^{-19}$ cm^2/s bei etwa 30° C, die von anderen Autoren jedoch nicht bestätigt werden. Mit einer derart hohen Diffusionskonstanten wären Diffusionsverluste von 20 - 30 % bei hohen Altern selbst im Fall von großen Korngrößen möglich. Spätere Untersuchungen zeigen daher, daß die Diffusionskonstanten wesentlich kleiner sind.

Amirkhanoff et al. (1961) haben eine sehr umfangreiche Untersuchung über den Argonverlust durch Diffusion durchgeführt. Für den Gehalt von radiogenem Argon erhält man für homogenes kugelförmiges Material vom Alter t:

$$(5\text{-}6)\qquad {}^{40}A = \frac{\lambda_K}{\lambda_\beta+\lambda_K}\, {}^{40}K_o\, \frac{6}{\pi^2} \sum_1^\infty \frac{1}{n^2}\, \frac{\exp\left(\frac{-n^2\pi^2 Dt}{a^2}\right) - \exp(-\lambda t)}{1 - \left(\frac{n\pi}{a}\right)^2 \frac{D}{\lambda}}$$

wobei ${}^{40}K_o$ der ${}^{40}K$-Gehalt zur $t = 0$ bedeutet.

Mit $d^2 = \frac{\lambda a^2}{D}$ und $\tau = \lambda t$ ergibt sich:

$$(5\text{-}7)\qquad \frac{^{40}A}{^{40}K_o} = \frac{\lambda_K}{\lambda_K+\lambda_\beta}\cdot\frac{6}{\pi^2}\sum_1^\infty \frac{1}{n^2}\,\frac{\exp(-n^2\pi^2\frac{1}{d^2}\tau)-\exp(-\tau)}{1-\frac{n^2\pi^2}{d^2}}$$

oder

$$(5\text{-}8)\qquad \frac{^{40}A}{^{40}K} = \frac{\lambda_K}{\lambda_K+\lambda_\beta}\cdot\frac{6}{\pi^2}\sum_1^\infty \frac{1}{n^2}\,\frac{\exp\left[(1-\frac{n^2\pi^2}{d^2})\lambda\right]-1}{1-\frac{n^2\pi^2}{d^2}}$$

Das $^{40}A/^{40}K_o$-Verhältnis als Funktion des Alters t ist in Abb. 5.5 für verschiedene Werte $\frac{1}{d^2}$ dargestellt. Man erkennt, daraus, daß für $\frac{D}{a^2\lambda} < 10^{-4}$ der Diffusionsverlust praktisch vernachlässigbar wird. Für Laborexperimente ist $\lambda t \ll 1$ und $\frac{\pi^2 D}{\lambda a^2} \gg 1$, d.h. die Argonnachbildung durch Kaliumzerfall ist während der Versuchsdauer neben dem (bei erhöhter Temperatur) stattfindenden Argonverlust vernachlässigbar, und man erhält

$$(5\text{-}9)\qquad \frac{^{40}A(t)}{^{40}A_o} = \frac{6}{\pi^2}\sum_1^\infty \frac{1}{n^2}\exp\left(-\frac{n^2\pi^2}{a^2}\,D_T\cdot t\right)$$

das Komplement zu der o.g. Formel für die relative Argonabgabe f. Hierbei ist D_T die Diffusionskonstante bei der (erhöhten) absoluten Temperatur T und t die Ausheizzeit. Während Reynolds (1957) nur eine Messung bei t = 48 h durchführte, haben Amirkhanoff et al. (1961) in kurzen Zeitabständen innerhalb eines Zeitraumes von 44 h die abgegebene Argonmenge gemessen. Sie erhielten Diagramme ähnlich dem in Abb. 5.4 gezeigten Beispiel für einen Phlogopit von 0.053 mm Korngröße. Die Autoren kommen zu dem Schluß, daß drei verschiedene Bindungszustände des Argons existieren:

Abb. 5.5: Das $^{40}Ar/^{40}K$-Verhältnis als Funktion des Probenalters und der Diffusionskonstanten

a) Im ersten Zustand ist ein Teil des Argons (ca. 40 %) relativ lose gebunden und entweicht bei Temperaturen unter 600° C schon nach einer halben Stunde Ausheizzeit. Danach tritt kein weiterer Argonverlust auf.

b) Das Argon im zweiten Zustand verhält sich etwa in der Weise, wie es nach der Diffusionstheorie zu erwarten ist

c) Ein geringer Teil des radiogenen Argons befindet sich in einem sehr fest gebundenen Zustand und entweicht praktisch erst mit dem Schmelzen des Kristalls.

Das Argon im ersten Bindungszustand wird von Amirkhanoff et al. (1961) als adsorptiv gebunden angesehen, das der Langmuir-Gleichung gehorcht:

$$\frac{V}{Vm} = \frac{b \cdot p}{1 + bp} \tag{5-10}$$

wobei $\frac{V}{Vm}$ der relative Anteil des adsorbierten Gases und p der Gasdruck ist. Für b gilt:

$$b = \frac{\exp\left(\frac{q}{RT}\right)}{T} \tag{5-11}$$

Mit den Werten $q/R \approx 10^3$ und $\alpha \cdot p = 10$ kann dieser nur von der Temperatur und im Gegensatz zur Diffusion nicht von der Zeit abhängige Adsorptionsanteil gut angenähert beschrieben werden. Aus den Diffusionskurven des zweiten Bildungszustandes ergeben sich für Feldspat Aktivierungsenergien von etwa 33 - 39 Kcal/Mol und Diffusionskonstanten von 10^{-27} bis 10^{-32} cm^2/s umgerechnet auf 300° K.

Einen meßtechnisch anderen Weg zur Bestimmung des aus der Probe herausdiffundierten Argons haben Fechtig et al. (1961) beschritten.

Durch Bestrahlung eines KCl-Einkristalls im Reaktor wurde im Kristall eine gleichmäßige Konzentration von radioaktivem ^{39}A erzeugt durch die Reaktion

$$^{39}K(n,p)^{39}A$$

bzw. bei Ca-haltigen Mineralen durch $^{40}Ca(n,\alpha)^{37}A$.

Das beim Ausheizen der Probe entweichende radioaktive Argon wird in einem direkt mit dem Ausheizgerät in Verbindung stehenden Zählrohr gemessen. Auf diese Weise kann kontinuierlich während des Ausheizvorganges die Argonabgabe gemessen und die Diffusionskonstante bzw. der Wert d^2 aus den Meßkurven nach der obengenannten Gleichung von Carslaw u. Jaeger (1959) berechnet werden. Für KCl wurde eine Aktivierungsenergie von 47 Kcal/Mol erhalten. Für Moldavit und Sanidin werden im $\frac{D}{a^2}/\frac{1}{T}$ - Diagramm Gerade erhalten, während die Kurven von Phonolit und Augit Knicke aufweisen, die auf verschiedene Bindungsarten des radiogenen Argons hinweisen. Aus den Meßkurven werden Aktivierungsenergien für die verschiedenen Minerale von 30 bis 90 Kcal/Mol und Diffusionskonstanten von 10^{-27} bis 10^{-30} bei Zimmertemperatur errechnet.

Der Wert $\frac{D}{a^2}$ ist in allen Fällen kleiner als 10^{-4}, so daß Fechtig et al. (1961) übereinstimmend mit Amirkhanoff et al. (1961) zu dem Ergebnis kommen, daß bei Normaltemperatur ein Argonverlust durch Diffusion (vgl. Abb. 5.5) auch in geologischen Zeiträumen ausgeschlossen werden kann.

5.3 Korrektur der Alterswerte bei Diffusionsverlust

Eine Methode zur direkten Messung des $^{40}A/^{40}K$-Verhältnisses ohne Massenspektrometrie durch Neutronenaktivierung und Aktivitätsmessung ist von Merrihue u. Turner (1966) beschrieben und für die Datierung von Meteoriten angewendet worden. Durch Neutronenbestrahlung werden zwei Kernreaktionen erzeugt:

$$^{39}K(n,p)^{39}Ar \rightarrow \beta(0.6\ MeV,\ 270\ a\ HWZ)$$

und

$$^{40}Ar(n,\gamma)^{41}Ar \rightarrow \beta(1.2\ MeV,\ 2.5\ MeV,\ 1.87\ h\ HWZ)$$

d.h. das entstandene ^{39}Ar ist proportional dem ^{39}K und damit dem ^{40}K-Gehalt, und das entstandene ^{41}Ar ist proportional dem ^{40}Ar-Gehalt der Probe. Beide hängen ferner von der Neutronendosis, den Wirkungsquerschnitten usw. ab, so daß aus dem Aktivitätsverhältnis das $^{40}Ar/^{40}K$-Verhältnis nur bei genauer Kenntnis all dieser Größen bestimmbar ist. Bestrahlt man jedoch gleichzeitig unter gleichen Bedingungen, d.h. zusammen mit der zu datierenden Probe im Reaktor eine Probe bekannten Alters, so ist das Verhältnis der $^{41}Ar/^{39}Ar$-Verhältnisse dieser beiden Proben gleich dem der beiden $^{40}Ar/^{40}K$-Verhältnisse, da alle die erwähnten unbekannten weiteren Konstanten sich wegkürzen, also

$$\text{(5-12)} \quad \frac{(^{40}Ar/^{40}K)_{Probe}}{(^{40}Ar/^{40}K)_{Standard}} = \frac{(^{40}Ar/^{39}Ar)_P}{(^{40}Ar/^{39}Ar)_{St}} = \frac{(^{41}Ar/^{39}Ar)_P}{(^{41}Ar/^{39}Ar)_{St}} = \frac{e^{t_P}-1}{e^{t_{St}}-1}$$

wobei die $(^{40}Ar/^{39}Ar)$-Verhältnisse für die massenspektrometrische Bestimmung und die $^{41}Ar/^{39}Ar$-Verhältnisse für die Bestimmung des Aktivitätsverhältnisses zu benutzen sind. Die radiometrische Methode setzt wegen der kurzen Halbwertszeit des ^{41}Ar (1.87 h) eine sofortige Messung nach der Bestrahlung im Reaktor voraus, d.h. dieses Verfahren erfordert die Nähe eines Reaktors. Ein Nachteil dieses Verfahrens ist die Tatsache, daß radiometrisch über das ^{41}Ar nur die Gesamtmenge des ^{40}Ar bestimmt wird, und eine Unterscheidung zwischen radiogenem und atmosphärischem Argon ist nicht möglich ohne eine massenspektrometrische Bestimmung des $^{40}Ar/^{36}Ar$-Verhältnisses. Da aus diesem Grunde bereits eine Isotopenbestimmung mit dem Massenspektrometer erforderlich ist - zumindest wenn nennenswerte Konzentrationen von atmosphärischem Argon zu erwarten sind -, dann kann auch das $^{40}Ar/^{39}Ar$-Verhältnis massenspektrometrisch gemessen werden, wodurch die Probleme der radiometrischen Bestimmung des ^{41}Ar mit seiner sehr kurzen Halbwertszeit entfallen. Dieses Verfahren hat den Vorteil gegenüber der separaten Bestimmung der ^{40}Ar-Konzentrationen durch massenspektrometrische Isotopenverdünnungsanalyse einerseits und der Kaliumkonzentration an einer anderen Teilmenge der Probe, z.B. durch Flammenphotometrie, andererseits, daß hier beide Bestimmungen gleichzeitig durchgeführt werden bzw. das Verhältnis dieser beiden Werte, das allein in die Altersbestimmungsformel eingeht, direkt auf dem Wege der Isotopenverhältnisbestimmungen an derselben Teilmenge der Probe ermittelt wird, ohne die beiden Konzentrationen im einzelnen genau bestimmen zu müssen.

Ein weiterer, sehr wesentlicher Vorteil dieser Methode besteht in der Möglichkeit, Ar-Verluste oder Gewinne durch Diffusion erkennen zu können.

Wird die Probe in der im Abschn. 5.5 beschriebenen Aufschlußapparatur langsam erhitzt, so wird zunächst das an den Kornoberflächen und Störstellen in den Kristallen befindliche Argon entweichen. Bei früheren Argonverlusten im Laufe der geologischen Geschichte der Probe wird ebenfalls das Argon von diesen Partien der Kristalle am leichtesten entwichen sein. Das beim Ausheizprozeß freiwerdende Argon, dessen zugehöriges $^{40}Ar/^{40}K$-Verhältnis über das $^{40}Ar/^{39}Ar$-Verhältnis gemessen wird, zeigt daher zunächst bei niedrigeren Ausheiztemperaturen im Falle eines Argonverlustes der Probe geringere $^{40}Ar/^{39}Ar$-Verhältnisse und damit geringere scheinbare Alter. Mit Erhöhung der Ausheiztemperatur wird auch Argon aus den inneren Teilen der Mineralkörner, das fester im Mineral gebunden ist, frei, und das $^{40}Ar/^{39}Ar$-Verhältnis nimmt zu. Wird das gemessene $^{40}Ar/^{39}Ar$-Verhältnis bzw. das daraus berechnete "Alter" gegen die relative Menge des freigewordenen Argons in einem Diagramm aufgetragen, so ist zunächst durch Erhöhung der Ausheiztemperatur mit zunehmender Argonmenge im Falle eines früheren Argonverlustes der Probe ein zunehmendes $^{40}Ar/^{39}Ar$-Verhältnis zu erkennen, das mit weiter zunehmender freigesetzter Argonmenge einem konstanten Endwert zustrebt, der dem ursprünglichen Alter der Probe entspricht. Aus dieser Kurve läßt sich auch der relative Argonverlust berechnen. In günstigen Fällen läßt sich daraus auch das (jüngere) Alter des den Argonverlust verursacht habenden geologischen Ereignisses ermitteln. Mit diesem Verfahren hat Turner (1970) das Alter von Mondproben bestimmt, die z.T. Argondiffusionsverluste bis zu 50 % erlitten haben. Die K/Ar-Datierung nach der konventionellen Methode hätte hier zu junge scheinbare Alter geliefert.

5.4 Die Kaliumanalyse

Die klassischen, naßchemischen Methoden der Kaliumanalyse werden für die K/Ar-Altersbestimmung praktisch nicht angewendet. Im allgemeinen stehen nur geringe Probenmengen, besonders bei schwierig abzutrennenden Mineralen, zur Verfügung. Eine genügend genaue gravimetrische Kaliumbestimmung ist daher entweder nicht oder nur mit großem Aufwand möglich. Die Genauigkeit der K-Analyse sollte die der Ar-Analyse erreichen; denn beide gehen - zumindest bei Altern <500 ma - linear in den Fehler des Altersergebnisses ein.

Für Kaliumkonzentrationen >0.2 % wird die flammenphotometrische Bestimmung mit internem Standard (Li) verwendet. Es werden dazu je nach Kaliumkonzentration ca. 100 mg (Biotit, Muskowit, Glaukonit) bzw. 200 bis 300 mg (Basalt, Hornblende) mit Flußsäure und Perchlorsäure aufgeschlossen und eine ebenfalls von der Kaliumkonzentration der Probe abhängige Teilmenge mit

Pufferlösung und internem Standard versetzt und die Intensität der Kaliumlinie mit dem Emissions-Flammenphotometer gemessen (Schuhknecht u. Schinkel 1963). Im allgemeinen wird für die flammenphotometrische Methode eine untere Grenze von ~0.2 % Kalium in der Literatur genannt und für niedrigere Gehalte eine der nachfolgend beschriebenen Methoden empfohlen. Es können jedoch bei ausgefeilten Analysenmethoden auch durchaus kleinere Kaliumkonzentrationen mit genügender Genauigkeit bestimmt werden. Durch automatisierte Analysenverfahren, bei denen mehrere Aufschlüsse derselben Probe abwechselnd mit Standardlösungen jeweils mehrfach gemessen werden, sind im Konzentrationsbereich zwischen 0.02 und 1 % Kalium Reproduzierbarkeiten von 1 bis 2 % relativ und bei Konzentrationen oberhalb 5 % von ± 0.4 % relativ erhalten worden. Damit kann diese äußerst schnell und weitgehend automatisiert ablaufende Analysenmethode für die meisten geochronologischen Probleme angewendet werden.

Für sehr niedrige K-Gehalte (<0.1 %) und kleine Probenmengen sind mit der Isotopenverdünnungsanalyse oder der Neutronenaktivierungsanalyse Ergebnisse zu erzielen, die den Forderungen der Meßgenauigkeit genügen.

Das Prinzip der Isotopenverdünnungsanalyse ist bereits in Abschn. 2 ausführlich beschrieben worden. Als "spike" dient ^{41}K in mehr als 95 %iger Anreicherung. Die untere Nachweisgrenze liegt bei 10^{-11} g Kalium, sie wird im wesentlichen durch Kontamination des Kaliums aus den verwendeten Chemikalien oder durch die Probenbearbeitung gegeben. Diese Methode der Kaliumbestimmung ist u.a. erfolgreich bei Steinmeteoriten angewendet worden (Kirsten et al. 1963).

Bei der Neutronenaktivierungsanalyse wird das bei der Reaktion

$$^{41}K(n,\gamma)^{42}K$$

entstehende Isotop ^{42}K mit einer Halbwertszeit von 12.4 h, ß-Energien von 3.58 und 1.99 MeV und einer γ-Energie von 1.51 MeV radioaktiv nachgewiesen und die ^{42}K-Aktivität der Probe mit der einer am gleichen Ort im Reaktor unter gleichen Bedingungen bestrahlten bekannten Kaliummenge verglichen. Zur Aktivitätsmessung ist das Kalium der Probe von den anderen (z.T. ebenfalls aktivierten) Elementen zu trennen. Hierzu wird die Probe vollständig in Lösung gebracht, eine bekannte, im Vergleich zum in der Probe vorhandenen Kalium große Menge inaktiven Kaliums als Träger hinzugegeben und Kalium möglichst rein, aber nicht notwendigerweise quantitativ abgetrennt und mit einem ß-Zähler oder γ-Halbleiterdetektor mit Vielkanalanalysator gemessen. Durch Vergleich mit der Aktivität des Standards ergibt sich die Menge des zur Aktivitätsmessung gelangten Kaliums aus der bestrahlten Probe und durch Vergleich mit der bekannten zugegebenen Träger-Kalium-Menge die chemische Ausbeute.

5.5 Die Bestimmung des radiogenen Argons

Die klassischen Methoden der Gasanalyse sind wegen der äußerst kleinen Menge und der geforderten hohen relativen Genauigkeit nicht anwendbar. Ein Basalt mit 0.1 % Kalium und einem Alter von 20×10^6 a enthält etwa 1×10^{-7} cm^3 (N.T.P.) radiogenes Argon. Adsorptiv kann eine nahezu gleich große Menge atmosphärischen Argons zusätzlich an das Gestein gebunden sein. Im Gegensatz zum radiogenen Argon, das ausschließlich aus dem Isotop ^{40}Ar besteht, enthält das atmosphärische Argon 0.337 % des Isotops ^{36}Ar, das in einem Gemisch von radiogenem und atmosphärischem Argon als Maß für den Anteil des letzteren verwendet wird.

Zur Bestimmung der Menge und zur Unterscheidung des radiogenen Argons von atmosphärischem Argon ist die massenspektrometrische Isotopenverdünnungsanalyse mit hochangereichertem ^{38}Ar als "spike" am besten geeignet. Die Probe wird in einer Hochvakuumanlage aufgeschlossen, d.h. entgast, was mit Hilfe von Flußmitteln, wie NaOH, Na_2O_2 oder $Na_2B_4O_7$ bei Temperaturen von 1000° C oder durch Schmelzen der Probe ohne Flußmittel bei 1600° bis 2000° C erfolgt. Die meisten Labors arbeiten nach der letztgenannten Methode, wobei die hohe Temperatur durch induktives Heizen eines Molybdän-Tiegels erreicht wird. Das der aufgeschmolzenen Probe entweichende Gas wird mit einer bekannten Menge des o.g. ^{38}Ar-Spikes versetzt und danach einem Reinigungsverfahren unterworfen. Das Gasgemisch wird über eine Kühlfalle zur Abtrennung des Wassers über erhitztes CuO zur Oxydation von H_2 zu H_2O und CO zu CO_2 geleitet. Das Wasser und CO_2 werden durch Kühlung mit flüssiger Luft ausgefroren. Titanschwamm wird als Getter für fast alle Nicht-Edelgase benutzt. Bei 850° C werden diese Gase nach einer Reaktionszeit von ca. 1 h mit Ausnahme von Wasserstoff gebunden. Bei nachfolgender Abkühlung auf 350° C bis 450° C reagiert dann auch der Wasserstoff. Das verbleibende Edelgasgemisch wird bei der Temperatur von flüssiger Luft an Holzkohle ausgefroren, wobei He nicht ausfriert. Das derart gereinigte Argon wird dann dem Massenspektrometer zur Isotopenanalyse zugeführt. Aus den gemessenen Isotopenverhältnissen ^{40}Ar/^{38}Ar und ^{40}Ar/^{36}Ar und der bekannten zugegebenen Menge ^{38}Ar wird die Menge des radiogenen ^{40}Ar und des atmosphärischen Argons berechnet. Alle die oben beschriebenen Aufschluß- und Gasreinigungsvorgänge müssen in Ultrahochvakuum vorgenommen werden.

Eine eingehende Behandlung aller technischen Details ist z.B. bei Zähringer (1966) zu finden.

Literatur

Aldrich, L.T. & Wetherill, G.W.: Geochronology by radioactive Decay. - Annual Rev. Nucl. Sci. 8, 257-298, 1958.

Amirkhanoff, K.K., Brandt, S.B. & Bartnitsky, E.N.: Radiogenic argon in minerals and its migration. - Anal. N.Y. Ac. Sci. 91, Art. 2, 235-275, 1961.

Carslaw , H.S. & Jaeger, J.C.: Conduction of heat in solids (2nd Ed.) S. 92, Clarendon Press, Oxford, 1959.

Damon, P.E. & Kulp, J.L.: Argon in mica and the age of the Beryl Mt. N.H. Pegmatite. - Am. J. Sci. 255, 697-704, 1957.

Damon, P.E.: Correlation and Chronology of ore deposits and Vulcanic rocks. - Univ. Arizona An. Progr. Rep. No. C 00-689-42-Contract AT (11-1)-689, 1964.

Evernden, J.F., Curtis, G.H. & Kistler, E.: Potassium Argon dating of Pleistocene Vulcanics. - "Quarternaria" 4, 13-17, 1958.

Fechtig, H., Gentner, W. & Kalbitzer, S.: Argonbestimmung an Kaliummineralien IX. Messungen zu den verschiedenen Arten der Argondiffusion. - Geoch. Cosmochim. Acta 25, 297-311, 1961.

Gulbrandsen, R.A., Goldrich, S.S. & Thomas, H.H.: Glauconite from the Precambrian belt series, Montana. - Science 140, 390-391, 1963.

Gentner, W., Präag, R. & Smits, F.: Argonbestimmung an Kaliummineralien II: Das Alter eines Kalilagers im unteren Oligozän. - Geoch. Cosmochim. Acta 4, 11, 1953.

Gentner, W. & Kley, W.: Argonbestimmung an Kaliummineralien IV: Die Frage der Argonverluste in Kalifeldspäten und Glimmermineralien. - Geochim. Cosmochim. Acta 12, 323-329, 1957.

Gentner, W. & Kley, W.: Argonbestimmung in Kaliummineralien V: Altersbestimmung nach der K/Ar-Methode an Mineralien und Gesteinen des Schwarzwaldes. - Geochim. Cosmochim. Acta 14, 98-104, 1958.

Gentner, W. & Lippolt, H.J.: Argonbestimmung an Kaliummineralien XI: Geochim. Cosmochim. Acta 27, 191-200, 1963.

Glendenin, L.E.: Present Status of the Decay Constants. - Ann. N.Y. Acad. Sci. 91, Art. 2, 166, 1961.

Herzog, L.F.: Rb-Sr and K-Ca Analyses and Ages Nucl. Processes in Geol. Settings. - Nucl. Sci. Ser. Rep. No. 19, 1956.

Jost, B.: Diffusion in Solids Liquids and Gases (Seite 45). - Academic Press N.Y., 1952.

Kirsten, T., Krankowsky, D. & Zähringer, J.: Edelgas- und Kalium-Bestimmungen an einer größeren Zahl von Steinmeteoriten. - Geochim. Cosmochim. Acta 27, 13, 1963.

Lippolt, H.J. & Gentner, W.: K-A-Dating of some limestones and Fluorite. - "Radioactive Dating" IAEA, STI/PUB 68, 239-244, 1963, IAEA, Wien.

Long, L.E. & Kulp, J.L.: Isotopic Age Study of the Metamorphic History of the Manhattan and Reading Prongs. - Geol. Soc. Am. Bull. 73, No. 8, 969-996, 1962.

Marshall, B.D. & de Paolo, D.J.: Precise determinations and petrogenetic studies using the K/Ca method. - Geochim. Cosmochim. Acta 46, 2537-2545, 1982.

Merrihue, C. & Turner, G.: Potassium Argon Dating by Activation with fast Neutrons. - Journ. Geophys. Res. 71, 2852-2857, 1966.

Nier, A.O.: A redetermination of the relative abundances of the isotopes of carbon, nitrogen, oxygen, argon and potassium. - Phys. Rev. 77, 789, 1950.

Odin, G.S.: Numerical Dating in Stratigraphy. 2. Bd. - John Wiley & Sons Ltd., New York, 1982.

Polevaya, N.I., Murina, G.A. & Kazakov, G.A.: Utilisation of Glauconite in absolute Dating. - Anal. N.Y. Ac. Sci. 91, 298-310, 1961.

Reynolds, J.H.: Comparative Study of argon content and argon diffusion in mica and feldspar. - Geochim. Cosmochim. Acta 12, 177-184, 1957.

Schaefer, O.A., Stoenner, R.W. & Bassett, W.A.: Dating of tertiary vulcanic rocks by the potassium argon method. - Anal. N.Y. Ac. Sci. 91, Art. 2, 317-320, 1961.

Schuhknecht, W. & Schinkel, H.: Universalvorschrift zur Bestimmung von Ka, Na, Li von Proben jeder Zusammensetzung. - Z. Anal. Chem. 194, 161-183, 1963.

Turner, G.: Argon-40/Argon-39 Dating of Lunar Rock Samples. - Science 167, 466-468, 1970.

Wasserburg, G.J. & Heyden, R.J.: $^{40}K/^{40}A$-Dating. - Geochim. Cosmochim. Acta 7, 51, 1955.

Wetherill, G.W., Tilton, G.R., Davis, G.L. & Aldrich, L.T.: New determinations of the age of the Bob Ingersoll pegmatite, Keystone, S. Dakota. - Geochim. Cosmochim. Acta 9, 292-297, 1956.

Zähringer, J.: Potassium Ages of the main tektive finds. - IAEA Symp. Radioactive Dating, STI/PUB 68, 289-305, 1963, IAEA, Wien.

Zähringer, J.: Potassium Argon Dating (compiled by O.A. Schaeffner and J. Zähringer). - Springer Verlag, Berlin, Heidelberg, 1966.

6. Die Uran-Blei-Methoden

6.1 Die direkten Uran-Blei-Methoden

Das Uran war als natürliches radioaktives Isotop am frühesten bekanntgeworden, und man hat daher auch als erstes an Uranpechblende Altersbestimmungen nach der Formel

$$\frac{Pb}{U} = e^{\lambda t} - 1 \qquad (6\text{-}1)$$

durchgeführt, indem das Blei und das Uran quantitativ chemisch bestimmt wurde. Da damals noch keine massenspektrometrischen Isotopenanalysen möglich waren, konnte man nicht zwischen gewöhnlichem, d.h. bereits bei der Mineralbildung mit eingebautem und dem durch radioaktiven Zerfall aus dem Uran entstandenen Blei unterscheiden. Damit war diese Methode auf reine Uranminerale, die möglichst frei von gewöhnlichem Blei sind, beschränkt, und die erhaltenen "Alter" waren lediglich als Maximalalter anzusehen.

Erst die Möglichkeit der Isotopenanalyse des Bleies schaffte die Voraussetzungen für die wirkliche Anwendung dieser Methode der Altersbestimmung auf Minerale, die Uran oder Thorium oder beides enthielten. Der entscheidende Durchbruch wurde jedoch erst durch die Isotopenverdünnungsanalyse erreicht, denn damit war es möglich, auch Minerale, die nur geringe Konzentrationen der Mutterelemente Uran und Thorium enthielten, die dafür aber nicht in speziellen Lagerstätten, sondern in vielen magmatischen Gesteinen vorkommen, wie z.B. Zirkon, Monazit, Titanit usw., zu datieren.

Die drei in der Natur vorkommenden langlebigen radioaktiven Isotope ^{238}U, ^{235}U und ^{232}Th zerfallen über mehrere ihrerseits wieder radioaktive Zwischenkerne zu den stabilen Isotopen ^{206}Pb, ^{207}Pb und ^{208}Pb. Nach einer Anlaufzeit, die

groß im Vergleich zur längsten Halbwertszeit dieser radioaktiven Tochterisotope ist, wird für die gesamte Zerfallreihe (Abb. 6.1) der Zustand des radioaktiven Gleichgewichtes erreicht, und für jedes zerfallende Uran- oder Thoriumatom entsteht ein entsprechendes Bleiisotop, d.h. für die Berechnung des Anwachsens des radiogenen Bleies kann man so tun, als ob das Mutterisotop (z.B. ^{238}U) direkt zum stabilen Tochterisotop (z.B. ^{206}Pb) zerfallen würde. Es kann daher die allgemeine Beziehung für das zeitliche Anwachsen des Tochter-Mutter-Atomzahlenverhältnis auch für diese drei Isotopenpaare angewendet werden, und es gelten folgende Formeln:

(6-2) $$\frac{^{206}Pb^+}{^{238}U} = e^{\lambda_{238} t} - 1$$

$$\frac{^{207}Pb^+}{^{235}U} = e^{\lambda_{235} t} - 1$$

$$\frac{^{208}Pb^+}{^{232}Th} = e^{\lambda_{232} t} - 1$$

wobei Pb^+ das radiogene, d.h. durch den Zerfall der entsprechenden Mutterisotope entstandene Bleiisotop ist. Dieses rein radiogene Blei läßt sich rechnerisch von dem gewöhnlichen Blei, das die Isotope ^{204}Pb, ^{206}Pb, ^{207}Pb und ^{208}Pb enthält, mit Hilfe des nicht durch radioaktiven Zerfall entstehenden und nur im gewöhnlichen Blei enthaltenen Isotops ^{204}Pb trennen, wenn die Isotopenverhältnisse $^{206}Pb/^{204}Pb$, $^{207}Pb/^{204}Pb$ und $^{208}Pb/^{204}Pb$ dieses gewöhnlichen Bleies bekannt sind. Diese Werte können im allgemeinen an mit den zu datierenden U- bzw. Th-Mineralen genetisch korrelierbaren reinen Pb-Mineralen bestimmt werden. Außerdem besteht noch die Möglichkeit, sie aus mehreren, gleichalten Proben mit Hilfe eines $^{206}Pb/^{204}Pb$ - $^{238}U/^{204}Pb$ bzw. $^{207}Pb/^{204}Pb$ - $^{235}U/^{204}Pb$ oder $^{208}Pb/^{204}Pb$ - $^{232}Th/^{204}Rb$ Diagramms ganz analog zu dem Nicolaysen-Diagramm bei der Rb/Sr-Methode zu bestimmen.

Die in den Formeln (6-2) benötigten Zerfallskonstanten sind in Tab. 6.1 zusammengestellt.

Tab. 6.1: Zerfallskonstanten und Halbwertszeiten der Uran- und Thorium-Isotope

Isotop	Zerfallskonstante in 10^{-10} a^{-1}	Halbwertszeit in 10^9 a
^{238}U	1,5512	4,47
^{235}U	9,8485	0,704
^{232}Th	0,4947	14,01

Die Funktionen $e^{\lambda t}-1$ sind in Abb. 6.2 graphisch dargestellt. Es ist hier gut zu sehen, wie das $^{207}Pb/^{235}U$-Verhältnis wegen der kleinen Halbwertszeit des ^{235}U am schnellsten zunimmt.

Abb. 6.2: Die Pb/U- und Pb/Th-Verhältnisse als Funktion des Alters

6.2 Die abgeleitete Blei-Blei-Methode

Durch Division der ersten und zweiten der Formeln (6-2) erhält man eine weitere Formel, die, da das Verhältnis der Uranisotope $^{238}U/^{235}U = 1/k = 137.88$ eine universelle Konstante ist, nur noch das Verhältnis y^+ der radiogenen ^{206}Pb- und ^{207}Pb-Isotope enthält.

$$(6\text{-}3) \qquad y^+ = \frac{^{207}Pb^+}{^{206}Pb^+} = k \cdot \frac{e^{\lambda_{235}t}-1}{e^{\lambda_{238}t}-1}$$

Diese Formel zur sog. Blei-Blei-Altersbestimmung von Uranmineralen hat u.a. den großen Vorteil gegenüber den Pb/U-Formeln (6-2), daß als einzige Meßgröße nur das Verhältnis zweier Bleiisotope, das im Idealfall direkt an dem von dieser Probe abgetrennten Blei gemessen werden kann, in die Rechnung eingeht. Eine quantitative Bestimmung der Blei- und Urankonzentration wie bei den Pb/U-Methoden ist hier nicht erforderlich. Auch wird das Blei-Blei-Alter durch Blei- oder Uranverlust, wie später noch gezeigt wird, am wenigsten beeinflußt.

Der Nachteil der Pb-Pb-Methode liegt darin, daß bei kleinen Altern dieses auch bei hoher Präzision des Meßwertes $^{207}Pb^+/^{206}Pb^+$ aus Formel (6-3) nur relativ ungenau ermittelt werden kann, wie sofort in der graphischen Darstellung (Abb. 6.3) der Formel (6-3) aus der geringen Steigung der Kurve bei kleinen Altern zu erkennen ist. Quantitativ ist das leicht aus einer Näherungsformel für Gl. (6-3) zu ersehen. Entwickelt man diese Gleichung für kleinere Alter ($\lambda_{235}t \ll 1$) in Zähler und Nenner bis zum quadratischen Glied der Reihen für die Exponentialfunktion, so erhält man:

$$(6\text{-}4) \qquad \frac{^{207}Pb^+}{^{206}Pb^+} = k \cdot \frac{\lambda_{235}}{\lambda_{238}} \left(1 + \frac{\lambda_{235}-\lambda_{238}}{2} \cdot t\right)$$

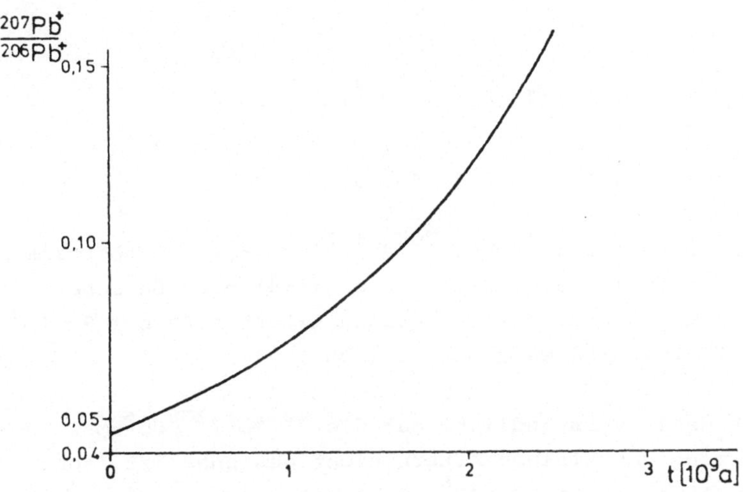

Abb. 6.3: Das $^{207}Pb^+/^{206}Pb^+$-Verhältnis als Funktion des Alters

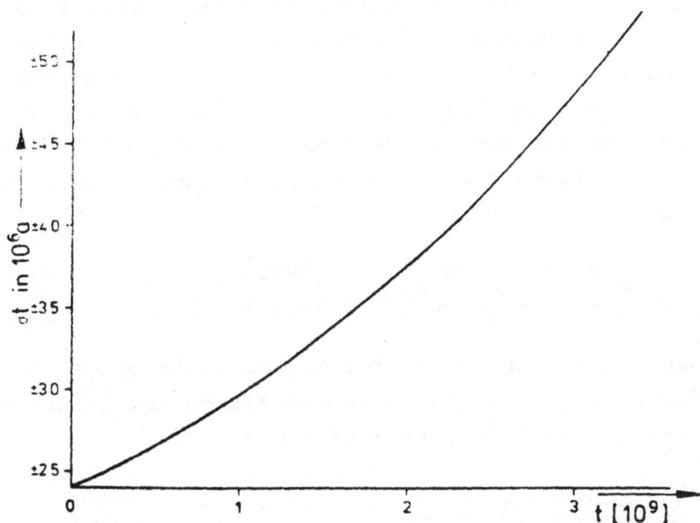

Abb. 6.4: Fehler der $^{207}Pb^+/^{206}Pb^+$-Methode als Funktion des Alters bei $\sigma y^+/y^+ = 1$ %

oder

$$\frac{^{207}Pb^+}{^{206}Pb^+} = 0{,}046 \cdot (1 + 4{,}15 \times 10^{-4} \cdot t)$$

mit t in 10^6 a für $t < 2{,}5 \times 10^8$ a.

Eine Ungenauigkeit in der $^{207}Pb^+/^{206}Pb^+$-Isotopenbestimmung von ± 1 % ergibt also nach Formel (6-4) eine Unsicherheit im Alter von ± 25 Ma, die bei großen Altern z.B. bei 3×10^9 Ma nur auf etwa ± 50 Ma ansteigt (Abb. 6.4).

Es ist damit verständlich, daß die $^{207}Pb^+/^{206}Pb^+$-Methode zur Bestimmung von kleinen Altern nicht geeignet ist, aber für höhere Alter (etwa $>5 \times 10^8$ a) bereits eine sehr wertvolle Ergänzung zu den beiden Uran-Blei-Methoden (Formel (6-2)) darstellt. Die Unsicherheit in der Bestimmung des Alters nach der $^{207}Pb/^{206}Pb$-Methode erhält bei kleinen Altern noch größere Fehler, wenn man berücksichtigt, daß man im allgemeinen auch in Uranmineralen kein rein radiogenes Blei findet, sondern daneben noch gewöhnliches Blei, das bekanntlich ja auch die Isotope 206 und 207 enthält, vorhanden ist. Dieses mit dem Index Null in der folgenden Formel gekennzeichnete Blei ist von der Gesamtkonzentration ^{206}Pb und ^{207}Pb der Bleiisotope 206 und 207 abzuziehen. Formel (6-3) wäre also zu modifizieren zu

$$\frac{^{207}Pb^+}{^{206}Pb^+} = \frac{^{207}Pb - {}^{207}Pb_o}{^{206}Pb - {}^{206}Pb_o} = k \cdot \frac{e^{\lambda_{235} t} - 1}{e^{\lambda_{235} t} - 1}$$

Teilt man Zähler und Nenner der linken Seite obiger Gleichung durch die zeitlich konstante Konzentration des nicht radiogenen Bleiisotops ^{204}Pb, so erhält man

$$\text{(6-5)} \qquad \frac{^{207}Pb}{^{206}Pb} \cdot v = k \cdot \frac{e^{\lambda_{235} t} - 1}{e^{\lambda_{238} t} - 1}$$

mit

$$v = \frac{1 - \frac{\beta_o}{\beta}}{1 - \frac{\alpha_o}{\alpha}}$$

wobei $\alpha = \frac{^{206}Pb}{^{204}Pb}$; $\alpha_o = \frac{^{206}Pb_o}{^{204}Pb_o}$; $\beta = \frac{^{207}Pb}{^{204}Pb}$; $\beta_o = \frac{^{207}Pb_o}{^{204}Pb_o}$

die auf das zeitlich konstante (d.h. $^{204}Pb = {}^{204}Pb_o$) Bleiisotop 204 bezogenen Isotopenverhältnisse des gesamten bei der Messung vorliegenden Bleies bzw. des gewöhnlichen Bleies (Index Null) sind.

Der sich aus den prozentualen Meßfehlern dieser Isotopenverhältnisse zusätzlich ergebende Fehler im korrigierten 207/206-Verhältnis berechnet sich, wenn man das Verhältnis der radiogenen Pb-Isotope mit y^+ bezeichnet, also $\frac{^{207}Pb^+}{^{206}Pb^+} = y^+$, zu:

$$(6\text{-}6) \qquad \left(\frac{\sigma y^+}{y^+}\right)^2 = \left(\frac{\alpha_o}{\alpha-\alpha_o}\right)^2 \left\{\left(\frac{\sigma\alpha}{\alpha}\right)^2 + \left(\frac{\sigma\alpha_o}{\alpha_o}\right)^2\right\} + \left(\frac{\beta_o}{\beta-\beta_o}\right)^2 \cdot \left\{\left(\frac{\sigma\beta}{\beta}\right)^2 + \left(\frac{\sigma\beta_o}{\beta_o}\right)^2\right\}$$

Dieser Fehler wird, wie sofort zu sehen ist, sehr groß, wenn neben dem gewöhnlichen Blei nur geringe Mengen radiogenen Bleies vorhanden sind, also α nur wenig größer als α_o und β entsprechend wenig größer als β_o ist. Bei relativ großen Konzentrationen von radiogenem Blei, also hohen Urankonzentrationen und großen Altern sowie bei kleinen Konzentrationen von gewöhnlichem Blei wird dieser Fehlerbeitrag aber klein, und die $^{207}Pb/^{206}Pb$-Methode liefert Altersergebnisse mit guter Genauigkeit.

6.3 Diskordante Uran-Blei-Alter

Falls die Voraussetzung erfüllt ist, daß für die Elemente Blei, Uran und Thorium sowie für alle Zwischenprodukte der Zerfallsreihen die zur Analyse gelangende Probe für die gesamte Dauer ihrer geologischen Geschichte ein geschlossenes System gewesen ist, d.h. daß keines dieser Elemente in dieser Zeit zu- oder abgeführt worden ist, so müssen die nach den Blei-Uran-Methoden (Formel (6-2)) und nach der Blei-Blei-Methode (Formel (6-5)) erhaltenen Alterswerte im Rahmen ihrer Meßfehler gleich sein. Viele Uran-Blei-Datierungen haben auch solche "konkordanten" Altersergebnisse ergeben, aber das ist keineswegs immer der Fall. Sehr häufig wurden auch Modell-Alter-Folgen ermittelt derart, daß

$$t(208/232) < t(206/238) < t(207/235) < t(207/206) < t,$$

d.h. die nach den verschiedenen Methoden erhaltenen "Alter" sind in der o.g. Folge alle kleiner als das wirkliche Kristallisationsalter. Seltener findet man die umgekehrte Folge. Es läßt sich nun zeigen, daß sich bei einem späteren Bleiverlust des Uranminerals, z.B. durch den Einfluß einer Metamorphose oder durch Verwitterungsprozesse, die o.g. Folge der scheinbaren "Alter" ergibt. Ganz offensichtlich ist also die bisher vorausgesetzte Annahme, die Mineralprobe als geschlossenes System ansehen zu können, sehr häufig nicht erfüllt, und ein wirkliches Alter kann aus den Analysenergebnissen mit den einfachen Formeln (6-2) nicht mehr errechnet werden. Durch den glücklichen Umstand, daß bei den beiden Uran-Blei-"Uhren" sowohl das radioaktive Mutterelement, nämlich Uran, als auch das radiogene stabile Endprodukt, nämlich Blei, für beide Zerfallsreihen chemisch gleich sind, ist es möglich, auch noch eine "Zwei-Ereignis-Geschichte" mit dem primären Bildungsalter und dem sekundären Metamorphosealter datieren zu können. Die mathematische Behandlung dieses Problems und die Ableitung der für einen solchen Fall gültigen

Gleichungen, die anstelle der Gleichungen (6-2) anzuwenden sind, ist sehr einfach und soll daher hier kurz dargestellt werden.

Ein Uranmineral habe sich vor t_o Jahren gebildet, und vor t_1 Jahren sei ein Teil des bis dahin gebildeten radiogenen Bleies $Pb^+(t_1)$ durch einen der oben erwähnten Prozesse aus dem Mineral entfernt worden, so daß nur noch $\kappa \cdot Pb^+(t_1)$ im Mineral verblieben ist. Die Uranmenge U läßt sich dann rechnerisch in zwei Komponenten aufspalten, und zwar die Menge $\kappa \cdot U$, die zum Zeitpunkt t_1 kein Blei, und die Menge $(1-\kappa)U$, die zur Zeit t_1 alles bis dahin gebildete Blei verloren hat. Für den ersten Teil hat die Bildung des heute vorhandenen radiogenen Bleies vor t_o Jahren, für den zweiten Teil erst vor t_1 Jahren begonnen. Es sind also für die diesen beiden Uran-Teilmengen entsprechenden Bleimengen Pb_1 und Pb_2 die Gleichungen (6-2) getrennt für die Alter t_o und t_1 einzusetzen:

$$Pb_1 = \kappa U(e^{\lambda t_o}-1); \qquad Pb_2 = (1-\kappa)U(e^{\lambda t_1}-1)$$

Die Summe dieser beiden Bleikomponenten liefert nach Division durch U für die beiden Pb/U-Verhältnisse:

$$\text{(6-7)} \qquad \frac{^{206}Pb^+}{^{238}U} = \kappa(e^{\lambda_{238}t_o}-1) + (1-\kappa)(e^{\lambda_{238}t_1}-1)$$

$$\frac{^{207}Pb^+}{^{235}U} = \kappa(e^{\lambda_{235}t_o}-1) + (1-\kappa)(e^{\lambda_{235}t_1}-1)$$

Diese Gleichungen sind für ein "Zwei-Ereignis-Modell" anstelle von Gl. (6-2), die für das einfache "Ein-Ereignis-Modell" gelten, zu setzen. Sie vereinfachen sich für die beiden Spezialfälle $\kappa = 1$, d.h. kein Bleiverlust, und $\kappa = 0$, d.h. vollständiger Bleiverlust, bei $t = t_1$ zu Gl. (6-2) und ergeben, da im ersten Fall die Störung zur Zeit t_1 nicht vorhanden ist, das primäre Alter t_o und im zweiten Fall, da durch den vollständigen Bleiverlust bei t_1 ein neuer Anfangspunkt gesetzt wird, nur das jüngere Alter t_1. Während bei dem einfachen Modell eine Probe eines Uranminerals durch die Anwendung der beiden Uran-Blei-Methoden zwei Gleichungen mit nur einer Unbekannten, nämlich dem Alter t, also ein überbestimmtes Gleichungssystem lieferte, das damit schon durch Übereinstimmung bzw. Nichtübereinstimmung der Ergebnisse eine Kontrolle dieses Modells erlaubte, sind in den Gln. (6-7) des erweiterten Modells in dem jeder Probe zugehörigen Gleichungspaar drei Unbekannte, nämlich t_o, t_1 und κ enthalten. Die Analyse einer Probe genügt also nicht zur Ermittlung dieser drei Werte. Hat man jedoch zwei Proben mit der gleichen geologischen Geschichte, also primäre Bildung zur Zeit t_o, sekundäre Beeinflussung zur Zeit t_1, aber verschieden starken Bleiverlust κ, so stehen vier Gleichungen mit vier Unbekannten (t_o, t_1, κ_1, κ_2) zur Verfügung, die eine Lösung ermöglichen. Man kann also mit mindestens zwei Proben aus einer geologischen Einheit auch noch ein komplizierteres geologisches Geschehen datieren. Jede weitere Probe erhöht die Zahl der Gleichungen um zwei und die Zahl der Unbekannten um nur eine, d.h. mit mehreren Proben kann geprüft werden, ob ein "Zwei-Ereignis-Modell" vorliegt.

Diese etwas mathematische Betrachtung des durch die Gl. (6-7) beschriebenen Problems läßt sich sehr gut graphisch veranschaulichen (Wetherill 1956):

Trägt man die Werte

$$(6\text{-}8)\quad \xi = \frac{^{207}Pb^+}{^{235}U} = e^{\lambda_{235}t} - 1 \quad \text{und}$$

$$\eta = \frac{^{206}Pb^+}{^{238}U} = e^{\lambda_{238}t} - 1 .$$

in einem ξ-η-Koordinatensystem als Funktion von t gegeneinander auf, so erhält man die sog. "Concordia"-Kurve (Abb. 6.5). Die Quotienten der radiogenen Blei- und der entsprechenden Uranisotope $\frac{^{207}Pb^+}{^{235}U}$ und $\frac{^{206}Pb^+}{^{238}U}$ aller Proben, die "konkordante" Alter, also nach der 207/235 gleiche Alter, wie nach der 206/238-Methode liefern (Gl. (6-2)), liegen in diesem Diagramm auf der "Concordia". Ist ein Bleiverlust zu irgendeiner späteren Zeit nach der Bildung aufgetreten, so liegt der Probenmeßpunkt nicht mehr auf dieser Kurve, und die Auswertung der Pb/U-Verhältnisse nach Gl. (6-2) liefert verschiedene "diskordante" Alter für die beiden Pb/U-Methoden. Aus den für eine "Zwei-Ereignis-Geschichte" gültigen Gleichungen (6-7) läßt sich nun folgendes ablesen: Die ξ- und η-Werte aller Proben, die sowohl ein gleiches Primäralter t_o als auch ein gleiches Sekundäralter t_1 haben, sind rein lineare Funktio-

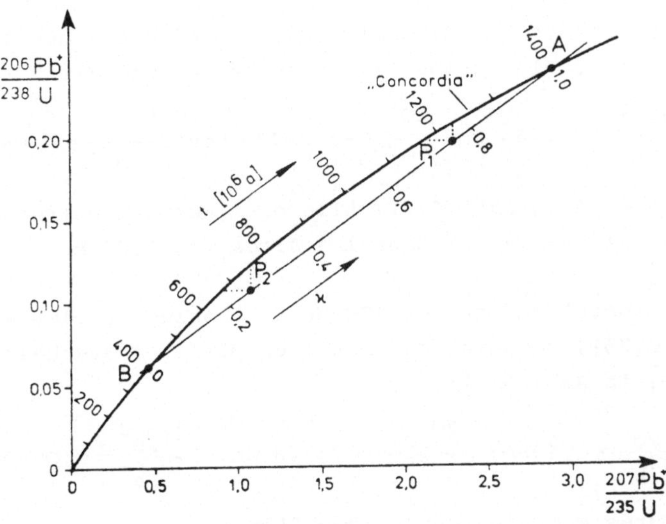

Abb. 6.5: Das $^{207}Pb^+/^{235}U$ - $^{206}Pb^+/^{238}U$ - Concordia-Diagramm

nen von κ, sie liegen also in dem "Concordia"-Diagramm auf einer Geraden. Für die beiden Spezialfälle $\kappa = 1$ bzw. $\kappa = 0$ degenerieren die beiden Gleichungen (6-7) zu (6-2) und liefern konkordante Alter t_o bzw. t_1, d.h. diese beiden Fälle liegen auch auf der "Concordia", und zwar an den t_o bzw. t_1 entsprechenden Punkten. Man kann also sagen:

> Die Pb/U-Verhältnisse aller Proben, die gleiches Primäralter t_o und gleiches Sekundäralter t_1, aber verschieden starke Bleiverluste haben, liegen im "Concordia"-Diagramm auf einer Geraden (die manchmal auch als "Diskordia" bezeichnet wird), die die "Concordia" in den t_o und t_1 entsprechenden Punkten schneidet.

Dieses Ergebnis soll an einem in Abb. 6.5 dargestellten konkreten Beispiel nochmals veranschaulicht werden.

Ein 1400 Ma altes Uranmineral würde, wenn es bis heute keinen Uran- oder Bleiverlust erlitten hätte, die Werte

$$\frac{^{206}Pb^+}{^{238}U} = 0{,}2466 \text{ und } \frac{^{207}Pb^+}{^{235}U} = 2{,}970 \text{ und } \frac{^{207}Pb^+}{^{206}Pb^+} = 0{,}0888$$

haben (Punkt A in Abb. 6.5). Alle drei Werte liefern nach Formel (6-2) bzw. (6-3) dasselbe Alter von 1400 Ma.

Hat das Mineral jedoch vor 400 Ma 25 % seines Bleies verloren ($\kappa = 0{,}75$), so wären die heutigen Blei/Uran-Verhältnisse (Punkt P_1 in Abb. 6.5):

$$\frac{^{206}Pb^+}{^{238}U} = 0{,}1980; \quad \frac{^{207}Pb^+}{^{235}U} = 2{,}348 \text{ und } \frac{^{207}Pb^+}{^{206}Pb^+} = 0{,}0860$$

Daraus würde man die scheinbaren "Alter"

$$t(206/238) = 1164 \text{ Ma}; \quad t(207/235) = 1226 \text{ Ma}; \quad t(207/206) = 1340 \text{ Ma}$$

erhalten. Bei einem Bleiverlust von 75 % vor 400 ma ($\kappa = 0{,}25$) erhält man (Punkt P_2 in Abb. 6.5):

$$\frac{^{206}Pb^+}{^{238}U} = 0{,}1087; \quad \frac{^{207}Pb^+}{^{235}U} = 1{,}1046 \text{ und } \frac{^{207}Pb^+}{^{206}Pb^+} = 0{,}073$$

mit dem scheinbaren "Alter"

$$t(206/238) = 664 \text{ Ma}; \quad t(207/235) = 754 \text{ Ma}; \quad t(207/206) = 1033 \text{ Ma}.$$

Falls es sich um einen reinen Bleiverlust zum Zeitpunkt t_1 handelt und nicht um eine Zuführung von Uran - beide Fälle sind hinsichtlich der Blei-Uran-Methode nicht voneinander zu unterscheiden -, so ist eine dritte Gleichung dem System (6-7) für das Verhältnis des radiogenen ^{208}Pb und des ^{232}Th hinzuzufügen, und es gilt entsprechend

$$\frac{^{208}Pb^+}{^{232}Th} = \kappa(e^{\lambda_{232} t_o} - 1) + (1-\kappa)(e^{\lambda_{232} t_1} - 1)$$

und die gemessenen $\frac{^{208}Pb^+}{^{232}Th}$ - Verhältnisse müssen mit den aus dem Pb/U-Concordia-Diagramm ermittelten t_o-, t_1- und κ-Werten die obige Gleichung erfüllen. Für unser hier diskutiertes Beispiel heißt das:

Für $\kappa = 0{,}75$ ist $\frac{^{208}Pb^+}{^{232}Th} = 0{,}0588$, das entspricht $t(208/232) = 1154$ ma,

und für $\kappa = 0{,}25$ ist $\frac{^{208}Pb^+}{^{232}Th} = 0{,}0329$, das entspricht $t(208/232) = 654$ ma.

Das Pb/Th-Verhältnis erlaubt also in besonderen Fällen auch bei diskordanten Altern eine Kontrolle der aus den Pb/U-Methoden ermittelten Primär- und Sekundäralter. Leider sind diese besonderen Fälle recht selten, denn die Voraussetzungen sind nur bei homogenen U-Th-Mischkristallen und reinem Bleiverlust gegeben. Sitzt hingegen das Th und damit auch das daraus entstandene ^{208}Pb an einer anderen Stelle im Mineral als das Uran und damit das radiogene ^{206}Pb und ^{207}Pb, so kann der durch Sekundärprozesse verursachte Bleiverlust für das ^{208}Pb anders sein als für das ^{206}Pb und ^{207}Pb.

Zirkon, wohl eines der bisher am häufigsten für die Datierung von Intrusivgesteinen nach den Pb/U-Methoden verwendete Mineral, ergibt sehr oft diskordante Alter, die durch eine solche Zwei-Ereignis-Geschichte bedingt sind. Man beobachtet hier die für sekundären Bleiverlust charakteristische Reihenfolge der Modellalter

$$t_1 < t(208/232) < t(206/238) < t(207/235) < t(207/206) < t_o$$

Sind mehrere Proben solcher diskordanten Zirkone aus einem Gestein vorhanden, so liegen sie jedoch in sehr vielen der bisher untersuchten Fälle im Concordia-Diagramm auf einer Geraden, und aus deren Schnittpunkten mit der Concordia können Werte t_o für Primär- und t_1 für das Sekundäralter entnommen werden.

Schon Zirkonkonzentrate unterschiedlicher Korngröße derselben Gesteinsprobe können unterschiedliche Bleiverluste und damit verschiedene diskordante Alter ergeben.

Silver u. Deutsch (1963) haben aus einem Granodiorit Zirkone verschiedener Korngröße abgetrennt, deren scheinbare Alter, wie sie sich aus den $\frac{^{206}Pb^+}{^{238}U}$-, $\frac{^{207}Pb^+}{^{235}U}$- und $\frac{^{207}Pb^+}{^{206}Pb^+}$- Verhältnissen nach Gl. (6-2) errechnen, in Tab. 6.2 zusammengestellt sind.

Im Concordia-Diagramm liegen diese vier Proben zusammen mit einem Uranothorit-Konzentrat aus dem gleichen Gesteinsstück auf einer Geraden (Abb. 6.6), deren Schnittpunkte mit der "Concordia" ein Primäralter von $t_o = 1660$ Ma und ein Sekundäralter von $t_1 = 90$ Ma ergeben. Die Autoren konnten auch zeigen, daß bei zonarem Aufbau der Zirkone durch schichtweises Ablösen einzelner Fraktionen unterschiedliche diskordante Alter erhalten werden, die aber alle auf derselben "Diskordia" liegen.

Tab. 6.2: Scheinbare Alter verschiedener Siebfraktionen von Zirkon aus einer Granodioritprobe nach Silver u. Deutsch (1963)

Siebfraktion	Scheinbares Alter in ma t 206/238	t 207/235	t 207/206
R 200 mesh	1070 ± 20	1270 ± 20	1630 ± 20
R 300 mesh	1030 ± 20	1230 ± 20	1610 ± 20
R 400 mesh	980 ± 20	1200 ± 20	1620 ± 20
> 400 mesh	995 ± 20	1205 ± 20	1610 ± 20
UT R 300	227 ± 30	348 ± 40	1267 ± 40

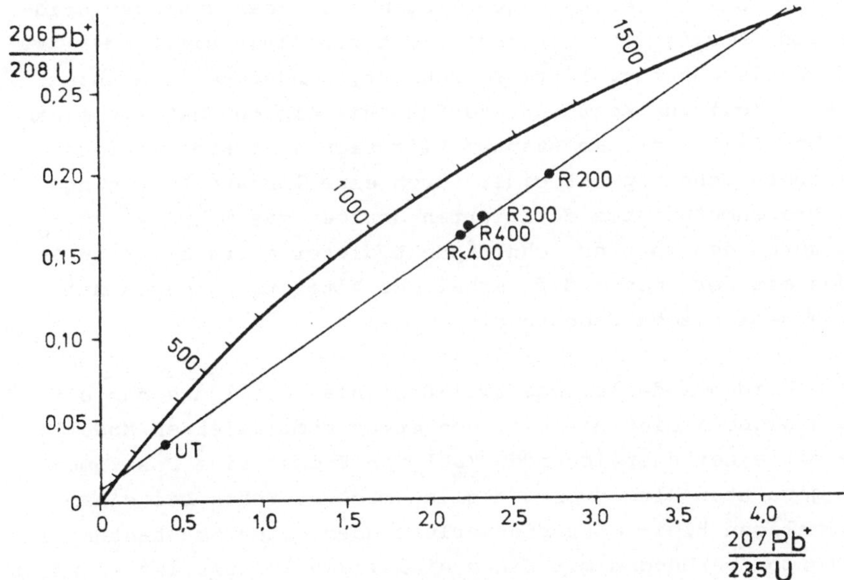

Abb. 6.6: Diskordante Zirkone (nach Silver u. Deutsch 1963)

Neben diesem "Zwei-Ereignis-Modell", das in vielen Fällen mit diskordanten Altern erfolgreich angewendet worden ist, kann auch noch ein sog. "Diffusionsmodell" der tatsächlichen geologischen Geschichte besser angepaßt sein. Das oben ausführlich beschriebene "Zwei-Ereignis-Modell" wurde erstmalig von Wetherill (1956) abgeleitet. Tilton (1960) hat gezeigt, daß auch im Falle einer gleichmäßigen, über die ganze geologische Geschichte des Minerals andauernden Diffusion des radiogenen Bleies aus dem Mineral eine der "Diskordia" ähnliche lineare Beziehung zwischen den beiden Pb/U-Verhältnissen besteht.

Die Abweichung der diskordanten Pb/U-Verhältnisse von dem dem wahren Alter t_o entsprechenden Wertepaar (Abb. 6.7) wird hier analog dem Wert κ beim einmaligen Bleiverlust durch die Größe D/a^2 bestimmt, wobei D der Diffusionskoeffizient und a der Radius der als kugelförmig angenommenen Mineralkörner ist. Die Probenmeßpunkte liegen auf einer zunächst gradlinigen "Diskordia", die aber nicht gradlinig bis zu dem zweiten Schnittpunkt t_1 fortzusetzen ist, sondern die in ihrem unteren Teil zum Koordinatenanfang hin einschwenkt. In einem solchen Fall eines konstanten Diffusionsverlustes liefert der obere Schnittpunkt einer durch eine lineare Anordnung von Probenmeßpunkten definierten Geraden das wahre Alter t_o, das durch den unteren Schnittpunkt dieser extrapolierten Geraden mit der "Concordia" erhaltene Alter t_1 hingegen hat keine geologische Bedeutung.

Diese beiden Modelle: das Zwei-Ereignis-Modell und das Diffusionsmodell sind die einzigen etwas komplizierten Modelle, die mit einer ausreichenden Zahl von Proben eine Bestimmung der gesuchten Alterswerte möglich machen. Schon bei einem zweimaligen Blei- oder Uranverlust oder einer konstanten Diffusion verbunden mit einem einmaligen Verlust ist es nicht mehr möglich, aus den Pb/U-Verhältnissen ein Alter zu errechnen.

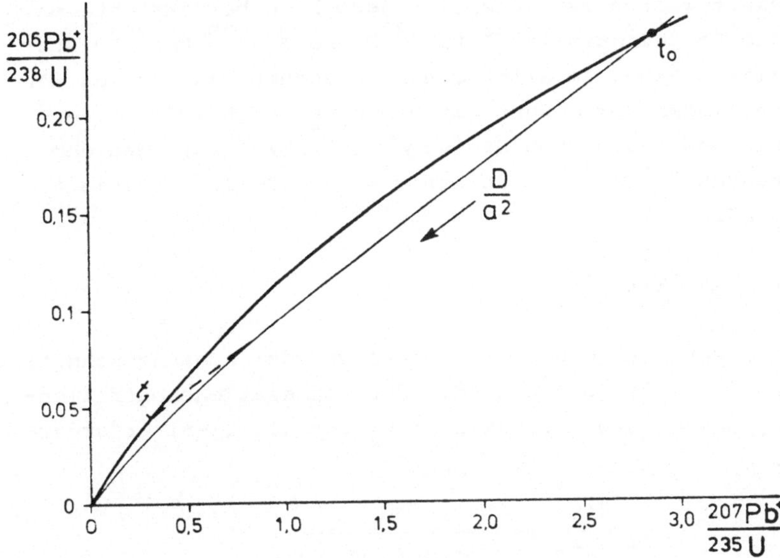

Abb. 6.7: Die Diffusions-Diskordia

Die Pb/U-Methode liefert also nur dann eindeutige Ergebnisse, wenn das zu datierende Mineral außer seiner primären Bildung höchstens noch eine spätere Störung des Systems, z.B. durch eine metamorphe Beeinflussung, erlebt hat. Bei mehreren solchen Ereignissen, die zu teilweisem Verlust von Blei oder Uran geführt haben, liegen die durch ihre $\frac{^{207}Pb^+}{^{235}U}$-, $\frac{^{206}Pb^+}{^{238}U}$-Wertepaare gekennzeichneten Meßpunkte im "Concordia"-Diagramm nicht mehr auf einer geraden Linie.

6.4 Berechnung der Diskordia und der Schnittpunktalter

Die mathematische Berechnung der Diskordia als Regressionsgerade durch die Diskordanten Pb/U-Meßpunkte erfolgt im Grundsatz genau,wie bei der Berechnung der Isochrone (Abschn. 3.3) dargelegt worden ist. Hier ist jedoch zu berücksichtigen, daß die Koordinaten $\xi = {}^{207}Pb/{}^{235}U$ und $\eta = {}^{206}Pb/{}^{238}U$ stark korreliert sind. Im allgemeinen berechnet man nämlich den ξ-Wert, indem der η-Wert mit dem gemessenen 207/206-Verhältnis des radiogenen Bleies $y^+ = ({}^{207}Pb/{}^{206}Pb)_r$ und dem konstanten ${}^{238}U/{}^{235}U$-Verhältnis $k = 137.88$ multipliziert wird. Also

(6-9) $$\xi = k \cdot \eta \cdot y^+$$

Für die Berechnung der Steigung a und des Achsenabschnittes b in Gl. (3-7) ist die Kenntnis des Korrelationskoeffizienten r_i in den Gewichtsfaktoren w_i der Gl. (3-8) erforderlich.

$$w_i = \frac{1}{a^2 \sigma\xi_i^2 - 2r_i a \sigma\xi_i \sigma\eta_i + \sigma\eta_i^2}$$

Der Korrelationskoeffizient r ist definiert als

(6-10) $$r_{\xi\eta_i} = \frac{\mathrm{cov}(\xi_i, \eta_i)}{\sqrt{\sigma\xi_i^2 \sigma\eta_i^2}}$$

Aus (6-9) erhält man durch Differenzieren, Quadrieren und Summieren, wenn η und y^+ nicht korreliert sind, was hier, wenn man zunächst von der Korrelation durch die Korrektur des gewöhnlichen Bleies (vgl. Ludwig 1980) absieht, der Fall ist:

(6-11) $$\left(\frac{\sigma\xi_i}{\xi_i}\right)^2 = \left(\frac{\sigma\eta_i}{\eta_i}\right)^2 + \left(\frac{\sigma y_i^+}{y_i^+}\right)^2$$

und $$\mathrm{cov}(\xi_i \eta_i) = \frac{\xi_i}{\eta_i} \sigma\eta_i^2$$

Somit ist also

$$(6\text{-}12) \qquad r_i = \frac{1}{\sqrt{1 + \left(\frac{\sigma y_i^+}{y_i^+}\right)^2 / \left(\frac{\sigma\eta_i}{\eta_i}\right)^2}}$$

oder wenn man mit Gl. (6-11) den Quotienten unter der Wurzel eliminiert

$$(6\text{-}13) \qquad r_i = \frac{\sigma\eta_i}{\eta_i} / \frac{\sigma\xi_i}{\xi_i}$$

Damit wird w_i zu

$$(6\text{-}14) \qquad w_i = \frac{1}{a^2\sigma\xi_i^2 + (1-2a\frac{\xi_i}{\eta_i})\,\sigma\eta_i^2}$$

Die Lage und Länge der Fehlerbalken bei korrelierten Fehlern $\sigma\xi$ und $\sigma\eta$ ist durch folgende Formeln gegeben (Boelrijk et al. 1979):

$$(6\text{-}15) \qquad \operatorname{tg} 2\psi = \frac{2r\,\sigma\xi\;\sigma\eta}{\sigma\xi^2 - \sigma\eta^2}$$

$$\frac{1}{A^2} + \frac{1}{B^2} = \frac{1}{2(1-r^2)}\left(\frac{1}{\sigma\xi^2} + \frac{1}{\sigma\eta^2}\right)$$

$$\frac{1}{A^2} - \frac{1}{B^2} = \frac{1}{2(1-r^2)}\left(\frac{1}{\sigma\xi^2} - \frac{1}{\sigma\eta^2}\right)\frac{1}{\cos 2\psi}$$

Hierbei sind A und B die Hauptachsen der Fehlerellipse und ψ der Winkel der A-Achse gegen die ξ-Achse.

In der Abb. 6.8 soll das nochmals an einem Beispiel verdeutlicht werden. Für einen nahezu auf einer Diskordia $\eta = m\xi + n$ mit den Schnittpunktaltern $t_1 = 1000$ Ma und $t_2 = 100$ Ma (d.h. $m = 9.668 \times 10^{-2}$; $n = 5.63 \times 10^{-3}$) gelegenem Meßpunkt P habe man Meßwerte

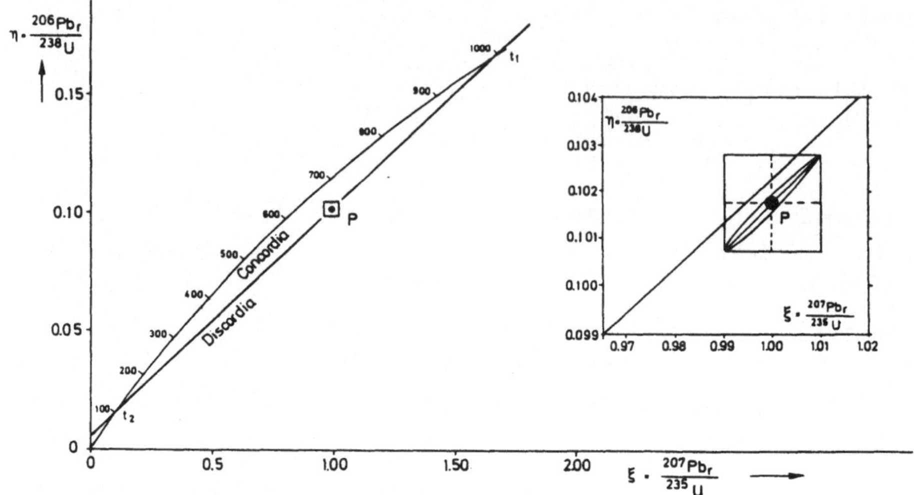

Abb. 6.8: Fehlerbalken und Fehlerellipse bei korrelierten Koordinaten im Concordia-Diagramm

$$\frac{^{206}Pb_r}{^{238}U} = \eta = 0.1018$$

mit einem Fehler von ± 1 %

und

$$\frac{^{207}Pb_r}{^{206}Pb_r} = y^+ = 0.07124$$

mit einem Fehler von ± 0.1 %

erhalten. Daraus ergibt sich nach Gl. (6-11) $^{207}Pb/^{235}U = \xi = 1.00 \pm 1.005$ %, und nach Gl. (6-13) ist $r = 0.9950$.

Bei der Anwendung von Gl. (6-15) sind die in der graphischen Darstellung verwendeten Längen (z.B. in mm) für $\sigma\xi$ und $\sigma\eta$ einzusetzen, also z.B.

$$\sigma\xi = \pm\ 1.005 \times 10^{-2} \mathrel{\hat{=}} 20.1 \text{ mm}$$

und

$$\sigma\eta = \pm\ 1.018 \times 10^{-3} \mathrel{\hat{=}} 20.4 \text{ mm},$$

so erhält man

$$\psi = -\ 44.6^{\circ},\ A = 1.43 \text{ mm und } B = 28.6 \text{ mm}.$$

Man sieht also deutlich, daß die als nicht korreliert angenommenen, in Abb. 6.8 gestrichelt gezeichneten Fehlerbalken $\sigma\xi$ und $\sigma\eta$ die Diskordia $\eta = m \cdot \xi + n$ weit überlappen, die so gerechnete gewogene Abweichung nur 0.36 beträgt, während die tatsächlichen unter Berücksichtigung der Korrelation gerechneten Fehlerbalken eine ganz andere Lage und Größe haben. Hier ist die gewogene Abweichung

$$\chi_i = \frac{\eta_i - m\xi_i - n}{\sqrt{m^2\,\sigma\xi_i^2 - 2rm\sigma\xi_i\,\sigma\eta_i + \sigma\eta_i^2}} = -\ 4.66$$

Der Meßpunkt liegt also um fast 5 Fehlerbreiten neben der Diskordia.

Hat man mit der Gl. (3-7) und den oben diskutierten Gewichtsfaktoren die optimale Diskordia $\eta = m\xi + n$ mit den Konstanten $m \pm \sigma m$ und $n \pm \sigma n$ erhalten, so ist zur Ermittlung der Schnittpunktalter t_1 und t_2 diese Gerade mit der Concordia

$$\text{(6-16)} \qquad \xi = e^{\lambda_{35}t} - 1; \qquad \eta = e^{\lambda_{38}t} - 1$$

zum Schnitt zu bringen, d.h. die Gleichung

$$\text{(6-17)} \qquad F \equiv (e^{\lambda_{38}t} - 1) - m(e^{\lambda_{35}t} - 1) - n = 0$$

ist für t zu lösen. Diese transzendente Gleichung ist nicht geschlossen lösbar, so daß z.B. das Newton'sche Näherungsverfahren

$$\text{(6.18)} \qquad t_{i+1} = t_i - \frac{F(t_i)}{F'(t_i)} = t_i - \frac{(e^{\lambda_{38}t_i} - 1) - m(e^{\lambda_{35}t_i} - 1) - n}{\lambda_{38}e^{\lambda_{38}t_i} - m\lambda_{35}e^{\lambda_{35}t_i}}$$

hierfür anzuwenden ist. Man beginnt also für $i = 0$ mit einem in der Nähe des vermuteten Schnittpunktes gelegenen Wert $t = t_o$ und iteriert, bis die Verbesserung des Ergebnisses kleiner als ein vorgegebener Wert, z.B. $(t_n - t_{n-1})/t_n < 1\ ^o/oo$ wird und verfährt für den zweiten Schnittpunkt in gleicher Weise.

Es bleiben noch die Fehler zu den so erhaltenen beiden Schnittpunktaltern zu berechnen. Es ist

$$\sigma t^2 = \Sigma\left(\frac{\delta t}{\delta\eta_i}\right)^2 \sigma\eta_i^2 \tag{6-19}$$

mit Gl. (6-17)

$$\frac{\delta t}{\delta\eta_i} = - \frac{\delta F}{\delta\eta_i} / \frac{\delta F}{\delta t}$$

und

$$\frac{\delta F}{\delta\eta_i} = -(e^{\lambda_{35}t} - 1)\frac{\delta m}{\delta\eta_i} - \frac{\delta n}{\delta\eta_i}$$

$$\frac{\delta F}{\delta t} = \lambda_{38} e^{\lambda_{38}t} - m\,\lambda_{35} e^{\lambda_{35}t}$$

Damit wird (6-19) zu:

$$\sigma t^2 = \frac{(e^{\lambda_{35}t} - 1)^2 \sigma m^2 + 2(e^{\lambda_{35}t} - 1) r_{m,n} \sigma m \sigma n + \sigma n^2}{(\lambda_{38} e^{\lambda_{38}t} - m\lambda_{35} e^{\lambda_{35}t})^2} \tag{6-20}$$

wobei $r_{m,n}$ der Korrelationskoeffizient zwischen Steigung m und dem Achsenabschnitt n ist, der nach Gl. (3-10)

$$r_{m,n} = - \frac{\bar{\xi}}{\sqrt{\overline{\xi^2}}}$$

ist.

6.5 Die Tera-Wasserburg-Concordia

Einen anderen Weg, diskordante Pb/U-Daten darzustellen, haben Tera-Wasserburg (1972,1974) gewählt. Anstatt, wie im vorigen Abschnitt dargelegt, die ξ-Koordinaten nach Gl. (6-9) aus den gemessenen η- und y^+-Werten auszurechnen, haben sie die Meßwerte

$$(6\text{-}21)\qquad x^+ = \frac{^{238}U}{^{206}Pb_r} = \frac{1}{e^{\lambda_{38}t}-1} = \frac{1}{\eta}$$

$$y^+ = \frac{^{207}Pb_r}{^{206}Pb_r} = \frac{1}{k}\cdot\frac{e^{\lambda_{35}t}-1}{e^{\lambda_{38}t}-1} = \frac{1}{k}\,\frac{\xi}{\eta}$$

direkt für ein Concordia-Diagramm verwendet (Abb. 6.9). (Das Zeichen + besagt, daß es sich um das radiogene Pb handelt). Die diskordanten Probenmeßpunkte liegen hier ebenfalls auf einer Geraden (Diskordia)

$$(6\text{-}22)\qquad y^+ = ax^+ + b$$

die die Condordia an zwei dem Alter t_1 und t_2 entsprechenden Punkten schneidet. Die Fehler σx und σy sind in dieser Darstellung, wenn man von der durch die Korrektur des gewöhnlichen Bleies bedingten Korrelation absieht, nicht korreliert, und die Fehlerbalken können direkt parallel zu den Achsen eingetragen werden.

Die Condordia nähert sich für $t \to 0$, d.h. $x \to \infty$ asymptotisch dem Wert

$$y = \frac{1}{k}\,\frac{\lambda_{35}}{\lambda_{38}} = 0.0460$$

Da die Tera-Wasserburg (TW)-Concordia nichts anderes als eine mathematische Abbildung der Wetherill-Concordia mit den Beziehungen

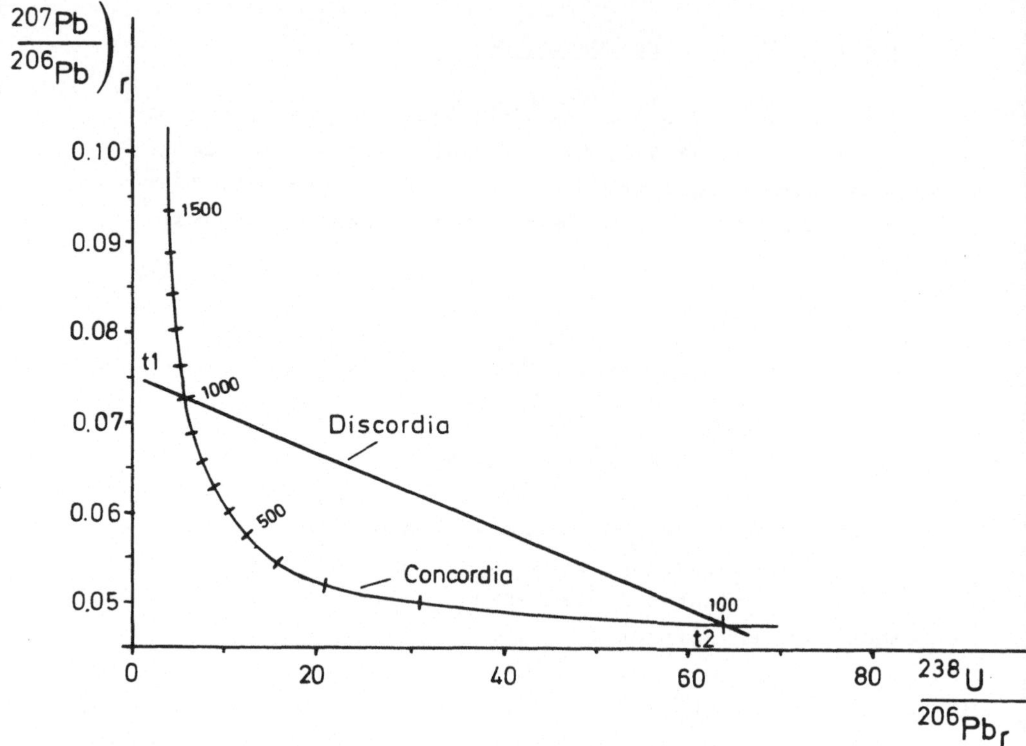

Abb. 6.9: Das Tera-Wasserburg-Concordia-Diagramm

(6-23) $x^+ = \frac{1}{\eta};\ y^+ = \frac{1}{k}\ \frac{\xi}{\eta};\ a \rightarrow \frac{-n}{m \cdot k};\ b \rightarrow \frac{1}{m \cdot k}$

ist, erhält man natürlich auch nach beiden Darstellungen aus demselben Probensatz identische Werte für t_1 und t_2 nebst Fehlern σt_1 und σt_2. Für die praktische Darstellung ist die TW-Concordia häufig angenehmer, da besonders bei kleinen Altern (<1000 Ma) die Wetherill-Concordia relativ schwach gekrümmt ist und von der Diskordia unter äußerst spitzen Winkeln geschnitten wird. Wegen des gegenüber der x-Achse stark gedehnten Maßstabes der y-Achse sind auch die Fehlerbalkenkreuze in der TW-Form besser darstellbar.

Die Berechnung der Diskordia in der TW-Darstellung kann direkt nach den einfachen Formeln (3-7) und (3-9) erfolgen. Für die Schnittpunktalter erhält man analog zu (6-17)

$$F \equiv k \cdot a + k \cdot b(e^{\lambda_{38} t} - 1) - (e^{\lambda_{35} t} - 1) = 0 \tag{6-24}$$

und analog zu (6-18)

$$t_{i+1} = t_i - \frac{k \cdot a + k \cdot b(e^{\lambda_{38} t_i} - 1) - (e^{\lambda_{35} t_i} - 1)}{k \cdot b \lambda_{38} e^{\lambda_{38} t_i} - \lambda_{35} e^{\lambda_{35} t_i}} \tag{6-25}$$

und entsprechend anstelle von (6-20)

$$\sigma t^2 = k^2 \frac{\sigma a^2 + 2(e^{\lambda_{38} t} - 1) r_{a,b} \sigma a \sigma b + (e^{\lambda_{35} t} - 1)^2 \sigma b^2}{(bk\lambda_{38} e^{\lambda_{38} t} - \lambda_{35} e^{\lambda_{35} t})^2} \tag{6-26}$$

6.6 Diskordia-Fläche im dreidimensionalen Raum

Sowohl bei der Wetherill (ξ,η)- als auch bei der TW (x^+,y^+)-Concordia-Darstellung werden, wie schon mehrfach erwähnt, immer Isotopenverhältnisse des radiogenen Bleies verwendet. Fast alle uranhaltigen Minerale enthalten aber neben dem radiogenen Blei mehr oder weniger große Mengen bereits bei der Mineralbildung mit eingebauten gewöhnlichen Bleies, was an dem Vorhandensein des ^{204}Pb zu erkennen ist. Die gemessenen Pb-Isotopenverhältnisse x_i und y_i der Probe i sind also noch über das gemessene $^{204}Pb/^{206}Pb$-Verhältnis z_i dieser Probe zu korrigieren. Man erhält dann für die radiogenen Isotopenverhältnisse

$$x_i^+ = x_i \frac{z_g}{z_g - z_i} \tag{6-27}$$

$$y_i^+ = \frac{z_g y_i - y_g z_i}{z_g - z_i}$$

Für die Berechnung von x_i^+ und y_i^+ jeder Probe ist also die Kenntnis der Pb-Isotopenverhältnisse des gewöhnlichen Bleies y_g und z_g notwendig. Diese Werte können in manchen Fällen an mit den Uranmineralen, syngenetischen, uranfreien, Pb enthaltenden Mineralen, wie PbS oder Kalifeldspat gemessen werden. Häufig sind jedoch derartige Minerale nicht vorhanden, oder es ist nicht sicher, daß sie syngenetisch sind und es isotopisch dasselbe Blei wie in den Uranmineralen ist.

Setzt man die x_i^+, y_i^+-Werte der Gleichung (6-27) in die Diskordia-Gleichung

$$y_i^+ = ax_i^+ + b$$

ein, so erhält man

(6-28) $$y_i = ax_i + b + cz_i$$

Das ist die Gleichung einer Ebene im $x = {}^{238}U/{}^{206}Pb$-, $y = {}^{207}Pb/{}^{206}Pb$-, $z = {}^{204}Pb/{}^{206}Pb$-Raum (Wendt 1984), die in Abb. 6.10 dargestellt ist. Die zusätzliche Konstante c

(6-29) $$c = \frac{y_g - b}{z_g}$$

enthält die Isotopenwerte y_g und z_g des gewöhnlichen Bleies. Aus ihr können diese Werte zwar nicht einzeln, aber doch als lineare Beziehung der sogenannten "Bleilinie" ermittelt werden.

(6-30) $$y_g = cz_g + b$$

oder auf ^{204}Pb bezogen

$$({}^{207}Pb/{}^{204}Pb)_g = b \cdot ({}^{206}Pb/{}^{204}Pb)_g + c$$

Abb. 6.10: Die dreidimensionale Diskordia-Fläche

Man kann sich leicht veranschaulichen, daß die Diskordia-Ebene (Gl. (6-28)) durch drei Punkte festgelegt wird, die den drei verschiedenen Bleikomponenten, aus denen jede Probe zusammengesetzt ist, entsprechen:

- dem radiogenen Blei, was sich in der ersten Stufe zwischen t_1 und t_2 gebildet hat, das kein ^{204}Pb enthält und zu dem kein Uran gehört. Es hat also einen x-Wert von Null, einen y-Wert von

  $$b = \frac{1}{k} \frac{e^{\lambda_{35} t_1} - e^{\lambda_{35} t_2}}{e^{\lambda_{38} t_1} - e^{\lambda_{38} t_2}} \qquad \text{mit } k = 137{,}88$$

  und einen z-Wert von Null;

- dem gewöhnlichen Blei mit $x = 0$, $y = y_g$ und $z = z_g$ (Punkt c in Abb. 6-10);

- dem radiogenen Blei, das in der Zeit zwischen t_2 und heute aus dem heute vorhandenen Uran gebildet ist. Es hat die Koordinaten

  $$x = \frac{1}{e^{\lambda_{35} t_2} - 1}; \quad y = \frac{1}{k} \frac{e^{\lambda_{35} t_2} - 1}{e^{\lambda_{38} t_2} - 1} \quad \text{und} \quad z = 0$$

  (Punkt t_1 in Abb. 6.10).

Die Schnittlinie der Diskordia-Ebene (Gl. (6-28)) mit der x,y-Ebene ($z = 0$) ist die Diskordia-Linie in der TW-Darstellung (Gl. (6-22)).

Während bei der Berechnung der besten Geraden nach der Methode der kleinsten Quadrate zwei Gleichungen für die zwei Unbekannten a und b zu lösen sind und man die Gleichungen (3-7) erhält, sind für die Berechnung der besten Ebene (Gl. (6-28)) drei Gleichungen für die Unbekannten a, b und c zu lösen, und man erhält analog zu (3-7) (Wendt 1984):

(6-31) $$a = \frac{D_1}{D}; \quad b = \frac{D_2}{D}; \quad c = \frac{D_3}{D}$$

$$\sigma a^2 = \frac{1}{\Sigma w_i} \frac{A_{11}}{D}; \quad \sigma b^2 = \frac{1}{\Sigma w_i} \frac{A_{22}}{D}; \quad \sigma c^2 = \frac{1}{\Sigma w_i} \frac{A_{33}}{D}$$

$$\text{und } r_{ab} = \frac{A_{12}}{\sqrt{A_{11} A_{22}}}$$

Hierbei ist die Determinante

(6-32) $$D = \begin{vmatrix} \overline{x^2} & \bar{x} & \overline{xz} \\ \bar{x} & 1 & \bar{z} \\ \overline{xz} & \bar{z} & \overline{z^2} \end{vmatrix}$$

und D_k $(k = 1,2,3)$ die durch Ersatz der k-ten Kolonne in D durch den Vektor

(6-33) $$Y = \begin{pmatrix} \overline{xy} \\ \bar{y} \\ \overline{yz} \end{pmatrix}$$

entstehenden Determinanten. A_{ik} sind die dem Element a_{ik} zugehörigen Unterdeterminanten von D einschließlich Vorzeichen $(-1)^{i+k}$.

Es ist genau das gleiche Verfahren wie in zwei Dimensionen, wo

$$D = \begin{vmatrix} \overline{x^2} & \bar{x} \\ \bar{x} & 1 \end{vmatrix} \quad \text{und} \quad Y = \begin{pmatrix} \overline{xy} \\ \bar{y} \end{pmatrix}$$

und $A_{11} = 1$, $A_{22} = \overline{x^2}$ und $A_{12} = -\bar{x}$ ist. Die Gl. (6-31) liefert im zweidimensionalen Raum die Gleichung (3-7).

6.7 Concordia mit anfänglichem Nichtgleichgewicht

Die einfachen Gleichungen der Concordia (Gl. (6-8))

$$\eta^+ = \frac{^{206}Pb_r}{^{238}U} = e^{\lambda_{38}t} - 1$$

$$\zeta^+ = \frac{^{207}Pb}{^{235}U} = e^{\lambda_{35}t} - 1$$

beziehungsweise (Gl. (6-21))

$$x^+ = \frac{^{238}U}{^{206}Pb_r} = \frac{1}{e^{\lambda_{38}t} - 1}; \quad y^+ = \frac{^{207}Pb_r}{^{206}Pb_r} = \frac{1}{k}\,\frac{e^{\lambda_{35}t} - 1}{e^{\lambda_{38}t} - 1}$$

gelten, wie eingangs schon gesagt, nur unter der Annahme, daß alle Isotope der beiden radioaktiven Zerfallsreihen bereits zum Zeitpunkt $t = 0$ in radioaktivem Gleichgewicht mit ihren beiden Ausgangsisotopen ^{238}U bzw. ^{235}U sind. Das ist aber meistens nicht der Fall. Für reine Uranminerale, die ihr Uran aus bestimmten Liefergesteinen gewonnen haben, kann näherungsweise angenommen werden, daß das anfängliche $^{230}Th/^{238}U$-Aktivitätsverhältnis gleich dem Quotienten Q aus dem Th/U-Verhältnis des Minerals $(Th/U)_M$ und des Liefergesteins $(Th/U)_G$ ist

$$Q = \frac{(Th/U)_M}{(Th/U)_G}$$

Q ist also für uranreiche und thoriumarme Minerale, wie Pechblende, Uraninit und sekundäre U-Minerale <1 und für Th-reiche, U-arme Minerale, wie Monazit >1 (Schärer 1984). Man kann zeigen, daß bei Berücksichtigung des anfänglichen radioaktiven Ungleichgewichtes die Concordia-Gleichungen zu schreiben sind (Ludwig 1977, Wendt u. Carl 1985)

$$(6\text{-}34) \qquad \xi^+ = f_1(t) = (e^{\lambda_{38}t} - 1) + d_1(t)$$

$$\eta^+ = f_2(t) = (e^{\lambda_{38}t} - 1) + d_2(t)$$

und entsprechend für die TRW-Concordia

$$(6\text{-}35) \qquad x^+ = \frac{1}{(e^{\lambda_{38}t} - 1) + d_2(t)}$$

$$y^+ = \frac{1}{k}\,\frac{(e^{\lambda_{35}t} - 1) + d_1(t)}{(e^{\lambda_{38}t} - 1) + d_2(t)}$$

mit

$$(6\text{-}36) \qquad d_1(t) = D_o \frac{\lambda_{35}}{\lambda_{31}} e^{\lambda_{35}t} (1 - e^{-\lambda_{31}t})$$

$$d_2(t) = e^{\lambda_{38}t} \{ A_o (k_{11}(1-e^{\lambda_{34}t}) + k_{12}(1-e^{-\lambda_{30}t}) + k_{13}(1-e^{-\lambda_{26}t}))$$

$$+ B_o (k_{22}(1-e^{-\lambda_{30}t}) + k_{23}(1-e^{-\lambda_{26}t}))$$

$$+ C_o (k_{33}(1-e^{-\lambda_{26}t}))\}$$

mit den Konstanten

$$k_{11} = \frac{\lambda_{38}}{\lambda_{34}} \cdot \frac{\lambda_{30}}{\lambda_{30} - \lambda_{34}} \cdot \frac{\lambda_{26}}{\lambda_{26} - \lambda_{34}} = 8.0414 \cdot 10^{-5}$$

$$k_{12} = \frac{\lambda_{38}}{\lambda_{34}} \cdot \frac{\lambda_{26}}{\lambda_{26} - \lambda_{30}} \cdot \frac{\lambda_{34}}{\lambda_{34} - \lambda_{30}} = -2.568 \cdot 10^{-5}$$

$$k_{13} = \frac{\lambda_{38}}{\lambda_{34}} \cdot \frac{\lambda_{30}}{\lambda_{30} - \lambda_{26}} \cdot \frac{\lambda_{34}}{\lambda_{34} - \lambda_{26}} = 7.648 \cdot 10^{-9}$$

$$k_{22} = \frac{\lambda_{38}}{\lambda_{30}} \cdot \frac{\lambda_{26}}{\lambda_{26} - \lambda_{30}} = 1.76 \cdot 10^{-5}$$

$$k_{23} = \frac{\lambda_{38}}{\lambda_{30}} \cdot \frac{\lambda_{30}}{\lambda_{30} - \lambda_{26}} = -3.66 \cdot 10^{-7}$$

$$k_{33} = \frac{\lambda_{38}}{\lambda_{26}} = 3.58 \cdot 10^{-7}$$

A_o, B_o, C_o und D_o sind die anfänglichen Abweichungen vom radioaktiven Gleichgewicht für ^{234}U, ^{230}Th, ^{226}Ra und ^{231}Pa also

$$A_o = (\frac{^{234}U}{^{238}U})_o - 1; \quad B_o = (\frac{^{230}Th}{^{238}U})_o - 1; \quad C_o = (\frac{^{226}Ra}{^{238}U})_o - 1; \quad D_o = (\frac{^{231}Pa}{^{235}U})_o - 1$$

wobei $(\ )_o$ das Aktivitätsverhältnis der beiden in der Klammer stehenden Isotope zur Zeit $t = 0$ ist.

Die Gleichungen (6-35) und (6-36) reduzieren sich also nur bei anfänglichem Gleichgewicht ($A_o = B_o = C_o = D_o = 0$), d.h. wenn $d_1(t)$ und $d_2(t) = 0$ sind, zu den einfachen Ausdrücken der Gleichungen (6-8) und (6-21).

Die TW-Concordia zeigt bei sehr kleinen Altern einen Wiederanstieg im Gegensatz zur Gleichgewichts-Concordia (Abb. 6.11).

Die Schnittpunktberechnung der Diskordia $y = ax + b$ mit der Concordia wird analog zu Gl. (6-24), (6-25) und (6-26) durchgeführt, wobei jedoch F durch die kompliziertere Funktion

$$F \equiv k\ \{a + b \cdot f_2(t, A_o, B_o, C_o)\} - f_1(t, D_o) = 0$$

zu ersetzen ist.

Ein Beispiel zeigt Abb. 6.12 (Wendt u. Carl 1985). 10 Torbernitproben aus NE-Bayern lieferten eine Diskordia in der TW-Darstellung, die eine signifikant positive Steigung von $+(2.12 \pm 0.18) \times 10^{-7}$, also ein negatives unteres Schnittpunktalter lieferte, wenn man sie mit der Gleichgewichts-Concordia zum Schnitt bringen würde. Messungen des radioaktiven Gleichgewichtes an diesen Proben ergaben Aktivitätsverhältnisse für

$^{234}U/^{238}U$ von 1.051 ± 0.011 und für $^{230}Th/^{238}U$ von 0.695 ± 0.011,

Abb. 6.11: Tera-Wasserburg Concordia bei radioaktivem Ungleichgewicht zur Mineralbildungszeit

woraus unter der Annahme, daß das anfängliche $^{230}Th/^{238}U$-Aktivitätsverhältnis gleich Null gewesen ist, sich ein Alter von $(130 \pm 5) \times 10^3$ a und ein anfängliches $^{234}U/^{238}U$-Aktivitätsverhältnis von 1.074 ± 0.016 ($A_o = +0.074$) ergeben. Der Schnittpunkt der Diskordia mit einer Concordia mit dem o.g. A_o-Wert und $B_o = -1$ liefert ein unteres Schnittpunktalter von $(137 \pm 11) \times 10^3$ a (Abb.6.12).

Abb. 6.12: Beispiel einer Diskordia für 0.1 Ma alte sekundäre Uranminerale

6.8 Die "Fission-track"-Methode

Diese von Price u. Walker (1963) erstmalig für die Datierung entdeckte Methode basiert im Gegensatz zu allen anderen bisher beschriebenen Methoden nicht auf dem radioaktiven Zerfall, sondern auf der spontanen Kernspaltung eines Isotops, hier dem ^{238}U. Die Zahl der spontanen Kernspaltungen pro Zeiteinheit n_s einer Versammlung von ^{238}U-Atomen (^{238}U repräsentiert hier eine Zahl von Atomen) ist analog dem radioaktiven Zerfall:

$$n_s = \lambda_f \cdot {}^{238}U \tag{6-37}$$

wobei $\lambda_f = 8.42 \times 10^{-17}\ a^{-1}$ die Konstante des spontanen Kernzerfalls ist. Sie ist mehr als sieben Größenordnungen kleiner als die des radioaktiven Zerfalls. Ein paar Zahlenangaben mögen dies anschaulicher darstellen:

1µ Uran sind $\dfrac{6.02 \times 10^{23}}{238 \times 10^{6}} = 2.53 \times 10^{15}$ Atome,

d.h. 1µg ^{238}U macht nach Gl. (6-37)

$$n_s = \lambda_f \cdot {}^{238}U = 8.42 \times 10^{-17} \cdot 2.53 \times 10^{15} = 0.213\ a^{-1}$$

also etwa 0.2 spontane Kernspaltungen pro Jahr.

Die Zahl der radioaktiven Zerfälle der gleichen Menge ^{238}U hingegen ist

$$n_{238} = \lambda_{238} \cdot {}^{238}U = 1.551 \times 10^{-10} \cdot 2.53 \times 10^{15} = 3.9 \times 10^{5}\ a^{-1}$$

also 3.9×10^5 pro Jahr oder 0.74 pro Minute.

Die Methode des sog. "fission-track" = der Kernspuren-Datierung besteht nun darin, die während der Existenzzeit, d.i. also das Alter t des Minerals, stattgefundenen Spaltungsprozesse N_s zu zählen, und es ist:

(6-38) $N_s = n_s \cdot t = \lambda_f \cdot {}^{238}U \cdot t$

Diese so einfach abzuleitende Formel gilt jedoch nur, solange n_s, d.h. also nach (6-36), daß ^{238}U während der Zeit t als konstant angesehen werden kann, also nur für kleine Alter t ($t<10^8$ a), für die die Änderung der Zahl der ^{238}U-Atome durch den radioaktiven Zerfall vernachlässigt werden kann. Für beliebige Alter t ist zu berücksichtigen, daß die Größe ^{238}U in Formel (6-38) ebenfalls eine Funktion der Zeit ist, und zwar $^{238}U(t) = {}^{238}U\, e^{\lambda_{238} t}$, wobei jetzt ^{238}U die heute in der Probe gefundene Zahl von ^{238}U-Atomen und λ_{238} die radioaktive Zerfallskonstante ist. Gl. (6-38) ist dann zu ersetzen durch

(6-39) $$N_s = \int_o^t n_s(t)\,dt = \lambda_f \cdot {}^{238}U \int_o^t e^{\lambda_{238} t}\,dt = \frac{\lambda_f}{\lambda_{238}}\, {}^{238}U(e^{\lambda_{238} t} - 1)$$

für $\lambda_{238} t \ll 1$ wird (6-39) zu (6-38).

Ein Spaltprozeß eines Uranatoms erzeugt in dem Mineral, in dem dieses zerfallende Atom sich befindet, eine Spur, die im Anschliff nach Ätzen mit Flußsäure unter dem Mikroskop sichtbar ist.

Die Zahl der an der Anschlifffläche sichtbaren Spuren P_s ist gleich der Zahl der im Mineral vorhandenen Spaltspuren mal einem Geometriefaktor G, der die Verteilung des Urans im Mineral, die Tiefe unter der Mineraloberfläche im Vergleich zur Länge der Spur usw. berücksichtigt. Setzt man die gleiche Mineralprobe im Reaktor einer Dosis d thermischer Neutronen aus, so wird dadurch eine Spaltung der ^{235}U-Atome induziert, deren Zahl N_i gegeben ist durch

(6-40) $N_i = {}^{235}U \cdot d \cdot \sigma_f$

wobei ^{235}U die Zahl der ^{235}U-Atome in dem betrachteten Mineralstück und $\sigma_f = 582 \times 10^{-24}$ cm^2 der Wirkungsquerschnitt der Kernspaltung des ^{235}U ist. Diese induzierten Spaltungen erzeugen ebenfalls Spuren im Mineral, die auf die gleiche Weise sichtbar gemacht und unter dem Mikroskop ausgezählt werden können. Hierbei geht genau der gleiche Geometriefaktor G in die Zahl der sichtbaren Spuren der induzierten Spaltung P_i im Verhältnis zur Gesamtzahl N_i ein, so daß aus (6-39) und (6-40) folgt

$$(6\text{-}41) \qquad \frac{P_s}{P_i} = \frac{N_s}{N_i} = \frac{\lambda_f}{\lambda_{238}} \frac{^{238}U}{^{235}U} \frac{e^{\lambda_{238}t}-1}{d \cdot \sigma_f} \approx \frac{\lambda_f}{d \cdot \sigma_f} 137.88 \cdot t$$

Es läßt sich also aus dem Verhältnis der ausgezählten natürlichen und induzierten Spaltspuren bei bekannter Neutronenbestrahlungsdosis d das Alter t aus Formel (6-41) ausrechnen. Dieses sog. "fission-track"-Alter, dessen methodische Grundlagen sehr ausführlich von Wagner (1969) beschrieben worden sind, ist sehr erfolgreich für die Datierung von Tektiten von Wagner (1969) und Gentner et al. (1967) angewendet und mit Ergebnissen der K/Ar-Methode verglichen worden. Das "fission-track"-Alter ist jedoch sehr empfindlich gegen höhere Temperaturen. Schon eine Erwärmung auf 100° C über längere Zeit verkleinert die Größe der Spuren und dadurch, daß einige ganz verschwinden, auch deren Anzahl und das Alter. Storzer u. Wagner (1969) haben durch Aufheizungsexperimente einen Zusammenhang zwischen der Verkleinerung des mittleren Durchmessers der Spuren und der Veränderung ihrer Anzahl (Abb. 6.13) gefunden, mit der eine Korrektur der durch thermische Effekte verkleinerten Spurenzahl möglich ist. Wagner u. Storzer (1970) haben dieses Korrekturverfahren zur Datierung von permischem Pechstein bei Bozen angewendet. Die Häufigkeitsverteilung der Spurendurchmesser (Abb. 6.14) ist offensichtlich aus zwei Verteilungen zusammengesetzt, von denen die rechte um den gleichen Mittelwert wie die Verteilung

Abb. 6.13: Spurenhäufigkeits-Durchmesserrelation bei der Spaltspurenmethode (nach Wagner u. Storzer 1970)

Abb. 6.14: Spurendurchmesserspektrum bei einer Zweistufengeschichte (nach Wagner u. Storzer 1970) der induzierten Spuren liegt, also offenbar thermisch nicht beeinflußt ist. Die Zahl der dieser Verteilung zugehörigen Spuren liefern das Alter t_2 seit der letzten Erwärmung. Die linke Verteilung hat einen nur etwa halb so großen mittleren Durchmesser der Spuren, was nach der Korrekturkurve 6.13 einem Spurenschwund von etwa 75 % entspricht, d.h. die Gesamtzahl dieser Spuren ist zu vervierfachen, und das sich daraus ergebende korrigierte Alter t_1 liefert die Zeit zwischen der primären Mineralbildung und der späteren Aufheizung. Die Summe von beiden ist das korrigierte Alter. Neun Proben der o.g. Pechsteine ergaben korrigierte Gesamtalter zwischen 231 und 276 ma, womit gezeigt ist, daß diese Methode nicht nur für die Datierung von jungen Altern von einigen Millionen Jahren, wie im Falle der Tektite, sondern auch für Proben höheren Alters anwendbar ist. Für die Datierung von Ergußgesteinen eignen sich sehr gut Zirkone, da sie ihrerseits eine gute Stabilität der Spuren bei mäßig hohen Temperaturen haben, aber bei den hohen Temperaturen des Ergusses (800° C) auf jeden Fall alle früheren Spuren vollständig gelöscht werden.

Literatur

Ludwig, K.R.: Effect of initial radioactive daughter disequilibrium on U-Pb isotope apparent ages of young minerals. - Journ. Research U.S. Geol. Survey 5 , 663-667, 1977.

Ludwig, K.R.: Calculation of uncertainties of U-Pb isotope data. - Earth Planet. Sci. Lett. 46, 212-220, 1980.

Price, P.B. & Walker, R.M.: Fossil tracks of charged particles in mica and the age of minerals. - J. Geophys. Res. 68, 4847, 1956.

Schärer, U.: The effect of initial ^{230}Th disequilibrium on young U-Pb ages: the Makalu case, Himalaya. - Earth Planet. Sci. Lett. 67, 191-204, 1984.

Silver, L.T. & Deutsch, S.: Uranium Lead Isotope Variations in Zircons. - J. Geol. 71, 721-758, 1963.

Storzer, D. & Wagner, G.A.: Correction of thermally Lovered Fission track Ages of Tektites. - Earth and Plan. Sci. Lett. 5, 463-468, 1969.

Tera, F. & Wasserburg, G.J.: U-Th-Pb systematics in three Apollo 14 basalts and the problem of initial Pb in Lunar rocks. - Earth Planet. Sci. Lett. 14, 281-304, 1972.

Tilton, G.R.: Volume diffusion as a mechanism for discordant Uranium-Lead ages. - J. Geophys. Res. 65, 2933, 1960.

Wagner, G.A.: Spuren der Kernspaltung des ^{238} Urans. - N.Jb. Miner. Abh. 110, 252-286, 1969.

Wagner, G.A. & Storzer, D.: Die Interpretation von Spaltspurenaltern am Beispiel von natürlichen Gläsern, Apatiten und Zirkon. - Eclogae geol. Helv. 63, 335-344, 1970.

Wendt, I.: A threedimensional U-Pb discordia plane to evaluate samples with common lead of unknown isotopic composition. - Isotope Geoscience 2, 1-12, 1984.

Wetherill, G.W.: Discordant Uranium Lead Ages I. - Trans. Am. Geophys. V. 37, 320, 1956.

7. Die Blei-Blei-Methode

7.1 Die Isotopenverhältnisse des gewöhnlichen Bleies

Das gewöhnliche Blei, d.h. Blei, das in Form von reinen Bleierzen vorliegt, die kein Uran enthalten, besteht aus den vier Isotopen ^{204}Pb, ^{206}Pb, ^{207}Pb und ^{208}Pb. Die relativen Häufigkeiten dieser Isotope sind nicht, wie das bei fast allen anderen Elementen der Fall ist, weltweit gleich. Die Ursache für diese Isotopenvariationen liegt in der Vorgeschichte des jeweiligen Blei-Erzes, d.h. ob und wie lange das Blei, bevor es als reines Bleimineral, z.B. PbS, auskristallisiert ist, mit bestimmten Mengen Uran und Thorium, die radiogene Blei-Isotope ^{206}Pb, ^{207}Pb und ^{208}Pb produzieren, in einer gemeinsamen Schmelze existiert hat. Nimmt man einmal an, alle Bleierze sind durch Differentiation aus einem U, Th und Pb enthaltenen Magma gebildet, so gilt für die heutige Konzentration der radiogenen Isotope $^{206}Pb^+$ und $^{207}Pb^+$ dieses Magmas analog zu Gl. (6-2)

$$(7\text{-}1) \qquad \begin{aligned} ^{206}Pb^+ &= {}^{238}U(e^{\lambda_{238} t_o}-1) \\ ^{207}Pb^+ &= {}^{235}U(e^{\lambda_{235} t_o}-1) \end{aligned}$$

wobei t_o die Zeitdauer der Existenz dieses "Urmagmas", also das Erdalter, und ^{238}U bzw. ^{235}U die heutigen Konzentrationen dieser Isotope in diesem Magma sind. Ist aus diesem Magma vor t Jahren das Blei durch Differentiation als reines Pb-Mineral abgetrennt worden, so sind die Pb-Mengen, die sich in der Zeit zwischen t und heute gebildet hätten

$$(7\text{-}2) \qquad \begin{aligned} ^{206}Pb^+ &= {}^{238}U(e^{\lambda_{238} t}-1) \\ ^{207}Pb^+ &= {}^{235}U(e^{\lambda_{235} t}-1) \end{aligned}$$

abzuziehen. Die zum Zeitpunkt t vorhandene Konzentration der Pb-Isotope ist also gleich der Differenz der Gl. (7-1) und

(7-2) zuzüglich den bereits zum Zeitpunkt t_o vorhandenen ^{206}Pb- und ^{207}Pb-Konzentrationen. Es ist also:

$$(7\text{-}3)\qquad \begin{aligned} {}^{206}Pb &= {}^{206}Pb_o + {}^{238}U(e^{\lambda_{238}t_o} - e^{\lambda_{238}t}) \\ {}^{207}Pb &= {}^{207}Pb_o + {}^{235}U(e^{\lambda_{235}t_o} - e^{\lambda_{235}t}) \end{aligned}$$

oder nach Division durch das zeitlich konstante ^{204}Pb und mit den Bezeichnungen

$$\alpha = \frac{^{206}Pb}{^{204}Pb};\quad \beta = \frac{^{207}Pb}{^{204}Pb};\quad \gamma = \frac{^{208}Pb}{^{204}Pb}$$

sowie

$$\mu = \frac{^{238}U}{^{204}Pb}(\text{heute});\ \frac{1}{137.88} = \frac{^{235}U}{^{238}U}(\text{heute});\qquad \kappa = \frac{^{232}Th}{^{238}U}(\text{heute})$$

erhält man:

$$(7\text{-}4)\qquad \begin{aligned} \alpha-\alpha_o &= \mu(e^{\lambda_{238}t_o} - e^{\lambda_{238}t}) \\ \beta-\beta_o &= \frac{1}{137.88}\cdot\mu(e^{\lambda_{235}t_o} - e^{\lambda_{235}t}) \\ \gamma-\gamma_o &= \mu\cdot\kappa(e^{\lambda_{232}t_o} - e^{\lambda_{232}t}) \end{aligned}$$

Diese zur Zeit t vorliegenden Isotopenverhältnisse ändern sich in einem Pb-Mineral bis heute nicht mehr, da das Pb von t ab von den die Isotope ^{206}Pb, ^{207}Pb, ^{208}Pb produzierenden Elementen Uran und Thorium abgetrennt ist.

7.2 Das Holmes-Houtermans-Modell

Falls die in den Gl. (7-4) enthaltenen Konstanten α_o, β_o, t_o, μ und κ bekannt sind, so wäre aus den gemessenen Isotopenverhältnissen α, β und γ aus jeder der drei Gleichungen das Alter t des Minerals zu berechnen.

Von besonderem Interesse sind die beiden ersten dieser drei Gleichungen, da in beiden auf der rechten Seite neben t_o nur die Größe μ, das $^{238}U/^{204}Pb$-Verhältnis vorkommt. In einem α/β-Diagramm erhält man mit den Konstanten

$$\alpha_o = 9.56; \quad \beta_o = 10.42; \quad t_o = 4.58 \times 10^9 \text{ a}$$

die man aus uranfreien Meteoriten gewonnen hat, für verschiedene μ die sog. "Entwicklungskurven" (in der englischen Literatur "growth-curves"), ein vom Punkt α_o, β_o ausgehendes Kurvenbüschel (Abb. 7.1). Diese Entwicklungslinien sind der geometrische Ort aller α,β-Wertepaare von Bleiproben gleichen μ-Wertes ($^{238}U/^{204}Pb$-Verhältnisse), aber verschiedenen Alters t. Wie man aus Gl. (7-4) ebenfalls ersehen kann, indem man die beiden ersten Gleichungen durcheinander dividiert und damit eine von μ unabhängige reine Funktion von t erhält

$$(7\text{-}5) \qquad \psi(t) = \frac{\beta-\beta_o}{\alpha-\alpha_o} = \frac{1}{137.88} \; \frac{e^{+\lambda_{235}t_o} - e^{+\lambda_{235}t}}{e^{+\lambda_{238}t_o} - e^{+\lambda_{238}t}}$$

liegen alle α,β-Wertepaare von Proben gleichen Alters und beliebigen μ-Werten auf Geraden, die ebenfalls durch den Punkt α_o/β_o gehen, den sog. "Isochronen". Diese durch Gl. (7-5) gegebene Steigung $\psi(t)$ der Isochronen ist also nur eine Funktion des Alters des Pb-Minerals, und eine Kenntnis des μ-Wertes des undifferenzierten Magmas, aus dem das Bleimineral kristallisiert ist, ist nicht erforderlich. Dieses sog. "Holmes-Houtermans"-Modell der Altersbestimmung (Houtermans 1946) von Pb-Mineralen läßt alle undifferenzierten Magmen mit verschiedenen μ-Werten zu. Es wird lediglich vorausgesetzt, daß für das zu datierende Bleimineral eine "Einstufen-Geschichte" vorliegt, d.h. daß das Blei in der Zeit von t_o (dem Erdalter) bis t, dem Bildungsalter des Pb-Minerals in einem Magma mit zwar beliebigen, aber zeitlich konstanten μ sich befunden hat, also das Pb/U-Verhältnis in

Abb. 7.2: Ausschnittsvergrößerungen von Abb. 7.1

diesem Magma außer durch den radioaktiven Zerfall des Urans sich nicht geändert hat. In diesem Fall kann das Alter des Pb-Minerals aus den gemessenen $^{207}Pb/^{204}Pb$- und $^{206}Pb/^{204}Pb$-Verhältnissen nach der in Abb. 7.3 graphisch dargestellten Formel (7-5) oder aus den Isochronen-Entwicklungslinien-Diagrammen (Abb. 7.1) bzw. für jüngere Alter in dem vergrößerten Ausschnitt der Abb. 7.2 ermittelt werden.

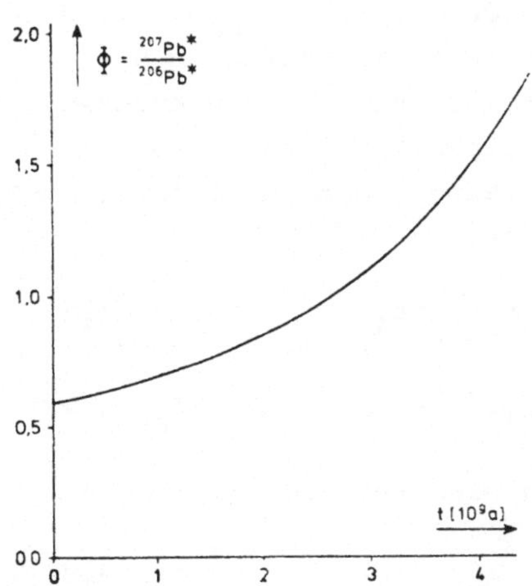

Abb. 7.3: Die Funktion $\psi = \frac{1}{137.88} \frac{e^{\lambda_{235} t_o} - e^{\lambda_{235} t}}{e^{\lambda_{238} t_o} - e^{\lambda_{238} t}}$ in Abhängigkeit vom Alter t

Eine Auswertung von α- und ß-Bestimmungen an vielen hundert Pb-Proben, deren Alter zwischen etwa 3000×10^6 a und praktisch rezent liegen, zeigt, daß alle Probenpunkte in diesem Diagramm innerhalb eines Fächers (Abb. 7.8), der von den Entwicklungslinien mit etwa $\mu = 8.0$ und 10.0 begrenzt wird, liegen und im Mittel um eine Entwicklungslinie mit $\mu = 8.9$ bis 9.0 streuen. Es gibt aber eine ganze Reihe von Bleiproben, die ganz sicher in das "Holmes-Houtermans"-Modell nicht hineinpassen, was ganz offensichtlich für solche Proben gilt, die rechts von der Null-Isochrone liegen, d.h. denen negative Isochronen-Alterswerte zuzuordnen sind. Es sollen daher im folgenden Störungen des "Holmes-Houtermans"-Modells untersucht werden.

7.3 Störungen des Holmes-Houtermans-Modells

Läßt man die Voraussetzung der Einfstufenentwicklung fallen, nimmt man also an, daß das Blei von t_o bis t_1 sich in einem durch μ_o gekennzeichneten Milieu befunden hat und vom Zeitpunkt t_1 z.B. als Gesteinsblei in einem Krustengestein mit dem Wert μ_1 bis zum Zeitpunkt t verblieben ist, um zum Zeitpunkt t endgültig als reines Pb-Mineral (d.h. $\mu = 0$) auszukristallisieren, so gilt:

(7-6) $$\alpha = \alpha_o + \mu_o(e^{\lambda_8 t_o} - e^{\lambda_8 t_1}) + \mu_1(e^{\lambda_8 t_1} - e^{\lambda_8 t})$$

$$\beta = \beta_o + \frac{\mu_o}{137.88}(e^{\lambda_5 t_o} - e^{\lambda_5 t_1}) + \frac{\mu_1}{137.88}(e^{\lambda_5 t_1} - e^{\lambda_5 t})\ ^{*)}$$

Die Entwicklungslinien sind für zwei Beispiele

1. $t_1 = 2 \times 10^9$ a; $\mu_o = 9.0$; $t = 10^8$ a; $\mu_1 = 10.0$
2. " " " $\mu_1 = 8.0$

in Abb. 7.4 dargestellt. Für den Einstufenfall, also $\mu_1 = \mu_o$ reduziert sich die Gl. (7-6) zu (7-4). Die Isotopenwerte α und β würden sich also, von α_o, β_o für $t = t_o$ ausgehend, entlang der Entwicklungslinie mit $\mu = 9.0$ bis dem einem Alter von $t_1 = 2 \times 10^9$ a entsprechenden Punkt T_1 in Abb. 7.4 bewegen und weiter dieser Entwicklungslinie bis zu dem einem Alter von $t = 10^8$ entsprechenden Punkt T_2 folgen. Ist hingegen das Blei zum Zeitpunkt t_1 in eine Umgebung, deren $^{238}U/^{204}Pb$-Verhältnis gleich $\mu_1 = 10.0$ ist, gebracht worden, so verläuft die

---

*) $\lambda_8 = \lambda_{238}$ = Zerf.Konstante des Uran-238
$\lambda_5 = \lambda_{235}$ = Zerf.Konstante des Uran-235

Entwicklung entlang der von der einfachen Entwicklungslinie abweichenden, durch Gl. (7-6) beschriebenen Kurve von T_1 nach T_2'.

Abb. 7.4: Graphisches Verfahren zur Darstellung von anomalem Blei

Für das Beispiel $\mu_1 = 8.0$ entsprechend von T_1 nach T_2''. Die Punkte T_2' (bzw. T_2'') können auch nach einem graphischen Verfahren (Geiss 1954) ermittelt werden. Man folgt der Entwicklungslinie mit $\mu = 10$ (bzw. $\mu = 8$) bis zum Schnittpunkt T' (bzw. T") mit der t (hier $= 10^8$ a) entsprechenden Isochrone. Von T' (bzw. T") geht man dann entlang des an T' (T") angesetzten, parallel verschobenen Vektors $\overline{T_1'T_1}$ (bzw. $\overline{T_1''T_1}$), dessen Endpunkt dann der gesuchte Punkt T_2' (T_2'') ist. Dieses graphische Verfahren folgt unmittelbar aus den Gl. (7-6), die etwa umgestellt lauten:

$$\alpha = \alpha_o + \mu_1 (e^{\lambda_8 t_o} - e^{\lambda_8 t}) - (\mu_1 - \mu_o)(e^{\lambda_8 t_o} - e^{\lambda_8 t_1})$$

$$\beta = \underbrace{\beta_o}_{1} + \underbrace{\frac{\mu_1}{137.88}(e^{\lambda_5 t_o} - e^{\lambda_5 t})}_{2} - \underbrace{\left(\frac{\mu_1 - \mu_o}{137.88}\right)(e^{\lambda_5 t_o} - e^{\lambda_5 t_1})}_{3}$$

Die Terme 1 und 2 kennzeichnen den dem Alter t entsprechenden Punkt auf der μ_1-Entwicklungslinie, und der Term 3 in den beiden obigen Gleichungen liefert die horizontale und vertikale Komponente des Vektors $\overline{T_1T_1'}$.

Die sich für diese beiden Beispiele aus den α- und ß-Werten

1. $\mu_1 = 10.0$; $\alpha = 18.876$; $ß = 15.840$; $\psi(t) \approx 0.583$ entspr. $t = -120$ Ma
2. $\mu_1 = 8.0$; $\alpha = 18.187$; $ß = 15.754$; $\psi(t) \approx 0.618$ entspr. $t = 260$ Ma

ergebenden scheinbaren "Holmes-Houtermans-Modellalter" weichen im ersten Fall ($\mu_1 > \mu_o$) nach unten, im zweiten ($\mu_1 < \mu_o$) nach oben ab. Im ersten Fall wird hier das Modellalter sogar negativ ($= -120$ Ma). Solche, nicht in das Modell passende Alter bezeichnete Houtermans als "anomale" Alter, und zwar für den ersten Fall ($\mu_1 > \mu_o$) als J-Typen (nach dem Vorkommen Joplin) und den zweiten Fall ($\mu_1 < \mu_o$) als B-Typen (nach dem Vorkommen "Bleiberg").

Ohne zusätzliche Informationen über maximales oder minimales Alter des Pb-Minerals sind zunächst nur J-Typen, die ein negatives "Alter" nach dem Holmes-Houtermans-Modell liefern, klar als "anomale" Bleie zu erkennen. Gewisse zusätzliche Hinweise erhält man noch aus den Konzentrationen gewisser Spurenelemente (Cohen et al. 1958).

7.4 Das Russel-Farquhar-Cumming (RFC)-Modell

Das Holmes-Houtermans-Modell läßt unterschiedliche U/Pb-Verhältnisse in der undifferenzierten Schmelze zu. Russel-Farquhar-Cumming (1954) gehen hingegen von der Annahme aus, daß ein homogenes Mantelmaterial mit einheitlichem μ (und einheitlichem κ) in Gl. (7-4) existiert, und dieser μ- (und κ-) Wert muß gleich dem mittleren μ-Wert des gesamten Krustenmaterials sein. Daraus folgt, daß alle Bleie mit einer echten Einstufenentwicklung im α-ß-Diagramm ebenso wie im α-γ-Diagramm auf einer einzigen Entwicklungslinie liegen. Formt man die Entwicklungsgleichungen (7-4) um

$$\alpha = \alpha_o + \mu(e^{\lambda_8 t_o} - e^{\lambda_8 t})$$

$$\alpha = \alpha_o + \mu(e^{\lambda_8 t_o} - 1) - \mu(e^{\lambda_8 t} - 1)$$

und bezeichnet die ersten beide Terme mit a_o

$$a_o = \mu(e^{\ \ t_o} - 1) + \alpha_o$$

d.i. das $^{206}Pb/^{204}Pb$-Verhältnis, das ein mittleres "Mantelblei" zum heutigen Zeitpunkt hat, so erhält man einen, der Gl. (7-4) entsprechenden Gleichungssatz

(7-7) $$\alpha = a_o - \mu(e^{\lambda_8 t} - 1)$$

$$ß = b_o - \frac{\mu}{137.88}(e^{\lambda_5 t} - 1)$$

$$\gamma = c_o - w \cdot (e^{\lambda_2 t} - 1)$$

mit den Konstanten

$$a_o = 18.72;\ b_o = 15.82;\ c_o = 38.8;$$
$$\mu = 9.075;\ w = 34.2$$

Alle Bleie, die diese Voraussetzungen erfüllen, müßten somit sowohl im α-ß- als auch im α-γ-Diagramm auf jeweils einer einzigen Entwicklungslinie liegen. Nach Russel u. Farquhar sind nur diese Bleie, die "conformable-lead" genannt werden, Einstufentypen, und alle anderen Bleie sind "anomale". Einige sehr gut untersuchte und mit vielen Probenmessungen belegte Vorkommen solcher "conformable-leads" sind in Abb. 7.5 und Abb. 7.6 im α-ß- bzw. im α-γ-Diagramm dargestellt. Solche Proben können im Prinzip mit jeder der drei Gleichungen (7-7) datiert werden, das $^{207}Pb/^{204}Pb$-Verhältnis ist jedoch

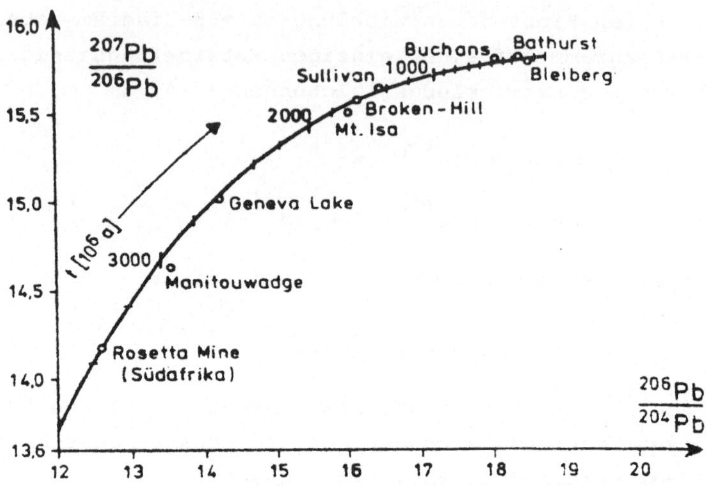

Abb. 7.5: "Conformable-Leads" im $^{207}Pb/^{204}Pb$-$^{206}Pb/^{204}Pb$-Diagramm

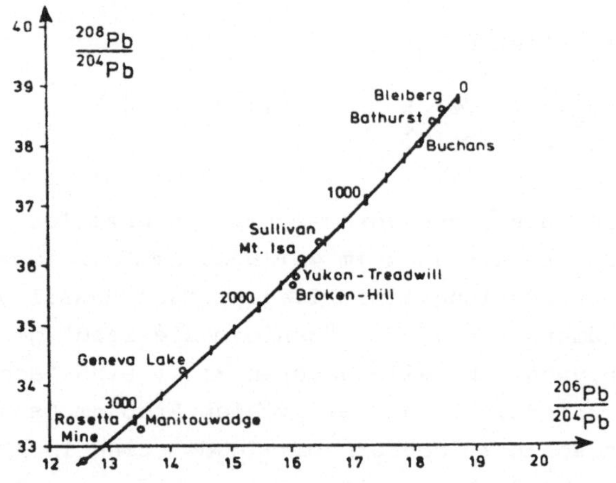

Abb. 7.6: "Conformable-Leads" im $^{208}Pb/^{204}Pb$-$^{206}Pb/^{204}Pb$-Diagramm

während der letzten 10^9 Jahre nahezu konstant, weshalb dieses Isotopenverhältnis hierzu weniger geeignet ist. Man erhält also zwei Altersgleichungen:

$$t_{206} = 6.51 \cdot \ln(\frac{27.8-\alpha}{9.075})$$
$$t_{208} = 20.0 \cdot \ln(\frac{73.00-\gamma}{34.2})$$

Mit diesen Zahlenwerten ergibt sich t in 10^6 a.

Durch Division der ersten beiden Gleichungen (7-7) erhält man:

$$\frac{^{207}Pb}{^{206}Pb} = \frac{15.82 - 0.0659(e^{\lambda_5 t} - 1)}{18.72 - 9.075(e^{\lambda_8 t} - 1)} \qquad (7\text{-}8)$$

eine Altersabhängigkeit des $^{207}Pb/^{206}Pb$-Verhältnisses der conformable Bleie. Diese Formel ist besonders angenehm, da das ^{204}Pb, das ja nur mit ~1.5 % Häufigkeit vorhanden ist und daher nicht so genau zu messen ist wie die anderen Pb-Isotope, nicht in die Formel eingeht. Die Abhängigkeit des $^{207}Pb/^{206}Pb$-Verhältnisses vom Alter t für conformable Bleie ist in Abb. 7.7 graphisch aufgetragen.

Wie man aus der Vielzahl von Pb-Isotopenmessungen weiß, liegen keineswegs die meisten Pb-Minerale auf einer solchen einheitlichen Entwicklungslinie (Abb. 7.8). Nach der RFC-Theorie wären also die meisten Bleie "anomale", d.h. mindestens einmal umkristallisierte Bleie. Besonders bei älteren Isotopenmessungen kann auch eine fehlerhafte ^{204}Pb-Bestimmung vorliegen, die sich in gleichem Maße auf das $^{207}Pb/^{204}Pb$- und das $^{206}Pb/^{204}Pb$-Verhältnis auswirkt. Im α-ß-Diagramm würden die Punkte sich dann entlang einer in Abb. 7.1 miteingezeichneten ^{204}Pb-Fehlergeraden, also einer durch den Koordinatenanfang gehenden Geraden, verschieben. Da diese Gerade für Alter <3000 Ma steiler als die Isochrone des Holmes-

Abb. 7.7: Das $^{207}Pb/^{206}Pb$-Verhältnis als Funktion des Mineralalters

Abb. 7.8: Verteilung der $^{207}Pb/^{204}Pb$-$^{206}Pb/^{204}Pb$-Werte im Entwicklungsdiagramm

Houtermans-Modells verläuft, führt ein zu hoher ^{204}Pb-Wert zu einem jüngeren Modellalter und umgekehrt.

Durch radiogenes Blei stark beeinflußte ganz eindeutig "anomale" Alter findet man häufig in der Nähe von Uranvorkommen. Tab. 7.1 zeigt einige Beispiele von "conformable" und "anomalen" Bleien.

Tab. 7.1: Pb-Isotopenverhältnisse einiger Bleivorkommen (nach Russel et al. 1960)

		$^{206}Pb/^{204}Pb$	$^{207}Pb/^{204}Pb$	$^{208}Pb/^{204}Pb$
Conformable Bleie	Bleiberg	18.48 ± 0.03	15.82 ± 0.01	38.60 ± 0.15
	Bathurst	18.34 ± 0.04	15.82 ± 0.02	38.38 ± 0.08
	Buchans	18.18	15.81	38.05
	Sullivan	16.47 ± 0.02	15.65 ± 0.01	36.39 ± 0.03
	Mt. Isa	16.17 ± 0.03	15.58 ± 0.03	36.10 ± 0.05
	Broken Hill	16.07 ± 0.02	15.50 ± 0.02	35.80 ± 0.03
	Geneva Lake	14.20	15.08	34.25
	Manitouwadge	13.57 ± 0.05	14.63 ± 0.02	33.25 ± 0.04
	Rosetta Mine (Südafrika)	12.60	14.18	32.72
"Anomale Bleie"	Joplin	22.06	15.93	41.33
	Missouri	22.07	16.05	41.59
	Flat River (Columbia)	22.20	16.18	42.45
	Iowa	22.07	16.13	41.91
	Bellevue Mine (Idaho)	21.24	16.41	42.63
	Blind River	1187.8	187.16	116.71

7.5 Sekundäre Isochronen

Wird eine Serie von Bleiproben derart gebildet, daß für alle Proben in einer ersten Stufe im Zeitabschnitt zwischen t_o und t_1 die Isochronenentwicklung in einem durch μ_o beschriebenen Milieu abläuft, und dann in einer zweiten Stufe zwischen t_1 und t die verschiedenen Proben sich in unterschiedlichen Milieus μ_i befunden haben, bevor sie dann zum Zeitpunkt t als reine Pb-Minerale ($\mu = 0$) auskristallisiert sind, so wird die Isotopenentwicklung durch die Gleichungen

$$\alpha_i = \alpha_o + \mu_o(e^{\lambda_8 t_o} - e^{\lambda_8 t_1}) + \mu_i(e^{\lambda_8 t_1} - e^{\lambda_8 t}) \tag{7-9}$$

$$\beta_i = \beta_o + \frac{\mu_o}{137.88}(e^{\lambda_5 t_o} - e^{\lambda_5 t_1}) + \frac{\mu_i}{137.88}(e^{\lambda_5 t_1} - e^{\lambda_5 t})$$

beschrieben. Bezeichnet man die beiden ersten Terme in den Gleichungen (7-9) als α_1 bzw. β_1, so erhält man eine zu Gl. (7.4) analoge Gleichung

$$\alpha_i - \alpha_1 = \mu_i(e^{\lambda_8 t_1} - e^{\lambda_8 t}) \tag{7-10}$$

$$\beta_i - \beta_1 = \frac{\mu_i}{137.88}(e^{\lambda_5 t_1} - e^{\lambda_5 t})$$

Derartige Bleiproben liegen also in einem α,β-Diagramm auf einer Geraden der Sekundärisochronen mit der Steigung

$$\psi(t_1, t) = \frac{\beta_i - \beta_1}{\alpha_i - \alpha_1} = \frac{1}{137.88} \frac{e^{\lambda_5 t_1} - e^{\lambda_5 t}}{e^{\lambda_8 t_1} - e^{\lambda_8 t}} \tag{7-11}$$

Aus dieser der Gl. (7-5) analogen Gleichung könnte das Bildungsalter t berechnet werden, wenn das Alter t_1 des primären Ereignisses, der Umlagerung des Bleies aus dem Milieu μ_o in das Milieu μ_i, bekannt ist. Das ist im allgemeinen nicht der Fall, und eine Lösung für t kann nur erreicht werden, wenn bestimmte Annahmen gemacht werden.

Nimmt man z.B. an, daß die Entwicklung in der ersten Stufe zwischen t_o und t_1 als 'conformable lead' entsprechend dem RFC-Modell (Gl. (7-7)) verlaufen ist, so ergibt der Schnittpunkt der Sekundärisochrone mit der RFC-Entwicklungslinie (Gl. (7-7))

$$\alpha = a_o - \mu(e^{\lambda_8 t_1} - 1)$$

$$\beta = b_o - \frac{\mu}{137.88}(e^{\lambda_5 t_1} - 1)$$

das Alter t_1, und das Bildungsalter der Pb-Minerale kann dann nach Gl. (7-11) berechnet werden. Es muß aber darauf hingewiesen werden, daß ein solches Ergebnis, auch wenn es in ein bereits bestimmtes geologisches Konzept "gut hineinpaßt", auf einer nicht analytisch überprüfbaren Annahme beruht und daher als nicht sehr verläßlich anzusehen ist.

7.6 Das Stacey-Kramers-Modell

Aufgrund einer kritischen statistischen Auswertung einer sehr großen Zahl von terrestrischen Bleien kamen Kramers-Stacey (1975) zu dem Schluß, daß eine dem RFC-Modell ähnliche, aber in zwei Stufen verlaufende Entwicklung die Isotopenzusammensetzung terrestrischer Bleie besser beschreibt. In einer ersten Stufe von $t_o = 4.57 \times 10^9$ a bis $t_1 = 3.70 \times 10^9$ a hat sich das Blei, ausgehend von einem Urblei, in einem Milieu $\mu_o = 7.19$ und $w_o = 33.21$ und von t_1 bis zur Bildung des Pb-Minerals in einem Milieu mit $\mu_1 = 9.74$ und $w_1 = 36.84$ entwickelt. Die Entwicklungsstufen lauten also für $t > t_1$

$$\alpha = \alpha_o + \mu_o(e^{\lambda_8 t_o} - e^{\lambda_8 t}) \tag{7-12a}$$

$$\beta = \beta_o + \frac{\mu_o}{137.88}(e^{\lambda_5 t_o} - e^{\lambda_5 t})$$

$$\gamma = \gamma_o + w_o(e^{\lambda_2 t_o} - e^{\lambda_2 t})$$

bzw. für $t < t_1$

$$(7\text{-}12b) \quad \alpha = \alpha_o + \mu_o(e^{\lambda_8 t_o} - e^{\lambda_8 t_1}) + \mu_1(e^{\lambda_8 t_1} - e^{\lambda_8 t})$$

$$\beta = \beta_o + \frac{\mu_o}{137.88}(e^{\lambda_5 t_o} - e^{\lambda_5 t_1}) + \frac{\mu_1}{137.88}(e^{\lambda_5 t_1} - e^{\lambda_5 t})$$

$$\gamma = \gamma_o + w_o(e^{\lambda_2 t_o} - e^{\lambda_2 t_1}) + w_1(e^{\lambda_2 t_1} - e^{\lambda_2 t})$$

mit den Konstanten

$t_o = 4.57 \times 10^9$ a $\qquad t_1 = 3.70 \times 10^9$ a

$\mu_o = 7.19 \qquad \mu_1 = 9.74$

$w_o = 33.21 \qquad w_1 = 36.84$

$\alpha_o = 9.307; \qquad \beta_o = 10.294; \qquad \gamma_o = 29.487$

Mit diesen Konstanten erhält man nach Gl. (7-12) für $t = t_1 = 3.70 \times 10^9$ Jahre die Werte

$\alpha(t_1) = 11.152; \quad \beta(t_1) = 12.998; \quad \gamma(t_1) = 31.23$

bzw. für ein rezentes Blei $(t = 0)$

$\alpha(0) = 18.70; \quad \beta(0) = 15.628; \quad \gamma(0) = 38.63$

Man sieht, daß die Werte des Stacey-Kramers-Modells für $t = 0$ sich nur unwesentlich von den entsprechenden Werten a_o, b_o und c_o des RFC-Modells (Gl. (7-7)) unterscheiden. Im Gegensatz zum Holmes-Houtermans-Modell gehen die Isochronen im α,β-Diagramm für Alter $< 3.7 \times 10^9$ a nicht vom Punkt α_o, β_o, sondern von einem Punkt mit den obigen Koordinaten $\alpha(t_1)$, $\beta(t_1)$ aus.

Zusammenfassend kann festgestellt werden:
Die Datierung von reinen Pb-Mineralen ist, da sie nur für primär, direkt aus einem homogenen Magma gebildete Bleie

mit Hilfe der beschriebenen mathematischen Modelle möglich ist, stets etwas problematisch. Dies gilt besonders für jüngere Bleie (d.h. jünger als Kambrium), da Fehler in bezug auf der Alter von ± 200 Ma die Ergebnisse nur bedingt verwendbar machen. In diesem Altersbereich sollten die Pb-Isotopenwerte nur mehr zur Parallelisierung von verschiedenen Bleivorkommen und weniger zu einer direkten Altersbestimmung verwendet werden.

Literatur

Geiss, J.: The isotopic analysis of ordinary lead. - Zeitschrift f. Naturf. A/9, 218, 1954.

Houtermans, F.G.: The isotope ratios in natural lead and the age of uranium. - Naturw. 33, 185-186, 1946.

Stacey, J.S. & Kramers, J.D.: Approximation of terrestrial lead isotope evolution by a two-stage model. - Earth Planet. Sci. Lett. 26, 207-221, 1975.

Russel, R.D., Farquhar, R.M., Cumming, G.L. & Wilson, J.T.: Dating galenas by means of their isotopic constitutions. - Trans. Am. Geoph. U. 35, 301, 1954.

Russel, R.D. & Farquhar, R.M.: Lead Isotopes in Geology. - Intersc. Publ. Inc. New York, London, 1960.

8. Zeitskala der Erdgeschichte, Alter der Erde, Datierung von Mondgesteins-Proben

8.1 Die Zeitskala der Erdgeschichte

Schon bald, nachdem einige stratigraphisch gut einzuordnende, datierte Proben vorlagen, versuchte Holmes (1947), eine "absolute Zeitskala" aufzustellen, die er später (Holmes 1959) noch einmal verbesserte.

Die zur Zeit gültige Zeitskala (nach Odin 1962) ist in Abb. 8.1 zusammengestellt. Die Schwierigkeit in der Aufstellung einer solchen "Zeitskala", d.h. der Korrelation zwischen biostratigraphisch ermittelten Zeitabschnitten oder Epochen und radiometrisch nach den in diesem Buch beschriebenen Methoden bestimmten Jahreszahlen besteht darin, daß die biostratigraphische Einstufung nur an fossilführenden Sedimenten direkt durchführbar ist, die aber nicht radiometrisch datiert werden können, während die radiometrische Datierung praktisch nur an Intrusivgesteinen vorgenommen werden kann.

Die bisher einzige Ausnahme bilden die Glaukonite, deren Bildungsalter in manchen Fällen mit dem Sedimentationsalter gleichzusetzen ist und die mit Hilfe der K/Ar-Methode datiert werden können. Glaukonite verlieren jedoch schon bei gering erhöhten Temperaturen Argon, so daß eine Glaukonitdatierung auf Gebiete beschränkt ist, für die eine postsedimentäre Erwärmung durch spätere Intrusionen ausgeschlossen werden kann. Weiterhin muß sichergestellt sein, daß nur autochtone Glaukonite und keine umgelagerten für eine Datierung herangezogen werden. Dodson et al. (in Harland et al. 1964) hat unter Beachtung dieser Vorschriften mit Hilfe von Glaukoniten einen wesentlichen Beitrag zur zeitlichen Unterteilung der Unterkreide und des oberen Jura geleistet.

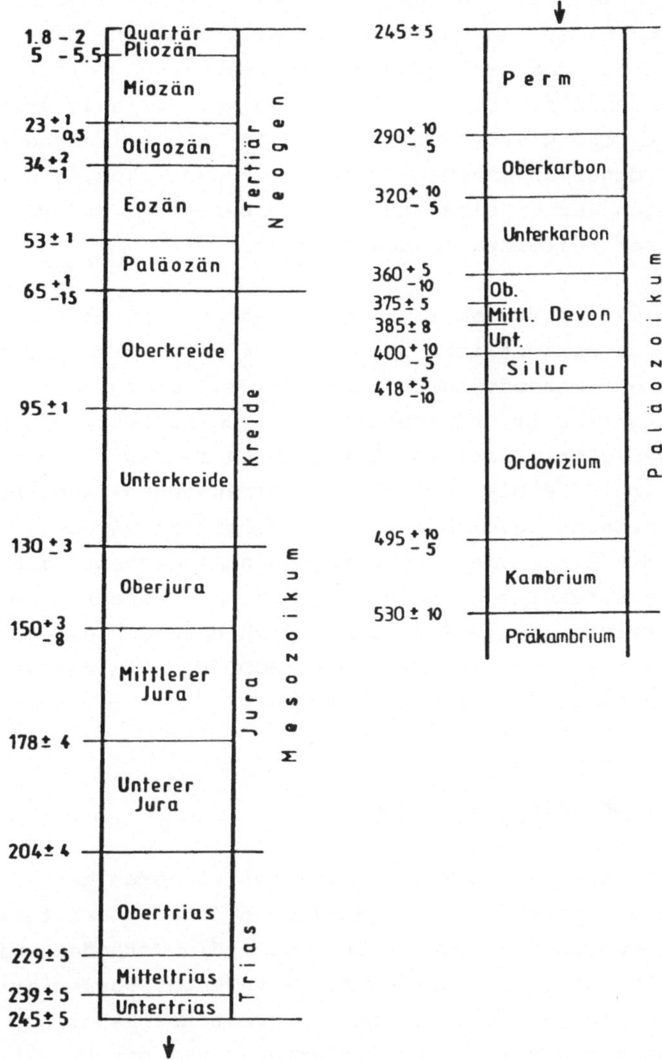

Abb. 8.1: Die geologische Zeitskala; Zeiten in Ma (Millionen Jahren), umgezeichnet und vereinfacht nach Odin (1982, Part II, S. 958-959).

Im übrigen ist man darauf angewiesen, datierbare Intrusivgesteine zu finden, deren stratigraphische Einstufung sich aufgrund der geologischen Gegebenheiten möglichst eng eingrenzen läßt. Solche Fälle sind aber relativ selten. Die zeitliche Gliederung, wie sie in Abb. 8.1 dargestellt ist, ist daher an manchen Stellen noch unsicher, und neue Datierungen werden eine ständige Verbesserung und Verfeinerung dieser Zeiteinteilung erbringen.

Die mit biostratigraphischen Methoden zu unterteilende Zeit reicht bekanntlich nur bis ca. 600 Ma zurück, und erst die Isotopenmethoden der Geochronologie ermöglichen es, orogene Ereignisse im Präkambrium zeitlich einzustufen. Mit Hilfe einer großen Zahl von Datierungen im kanadischen Schild mit Altern, die bis über 2000 Ma hinausgehen, konnten einzelne "Provinzen" gleichen Alters abgegrenzt werden. Ebenso ist es mit Hilfe von radiometrischen Altersbestimmungen möglich, eine Vorstellung von der bis in das frühe Präkambrium hineinreichenden geologischen Geschichte der alten Schilde in Südafrika, wo Alter von über 3000 Ma gefunden wurden, Skandinavien und Indien zu erhalten.

8.2 Das Alter der Erde

Die Frage nach dem Alter unseres Planeten hat, da es von grundlegendem wissenschaftlichen Interesse ist, schon immer die Menschheit bewegt. Lediglich die Methoden, mit denen die Beantwortung dieser Frage versucht worden ist, haben sich im Laufe der Zeit geändert. Erzbischof Usher hat durch Addition der biblisch überlieferten Alter der Erzväter und den Angaben über die Schöpfungsgeschichte ein Alter von etwa 6000 Jahren ermittelt, ein Wert, dem man sehr bald berechtigte Zweifel entgegenbrachte.

Rein kernphysikalische Überlegungen erlauben, eine obere Grenze für das Alter der Erde bzw. für die Entstehung der Elemente anzugeben. Das Isotop ^{235}U mit einer ungeraden Neutronenzahl kann nicht häufiger gewesen sein als das Isotop ^{238}U mit einer geraden Neutronenzahl, d.h. das heute $\frac{1}{137.88}$ betragende Verhältnis dieser beiden Isotope muß auch vor t_o Jahren (wenn man das Erdalter mit t_o bezeichnet) <1 gewesen sein, also

$$1 > \left(\frac{^{235}U}{^{238}U}\right)_{t_o} = \frac{1}{137.88}\,\frac{e^{\lambda_{235}t_o}}{e^{\lambda_{238}t_o}}$$

daraus folgt: $t_o < 6 \times 10^9$ a.

Andererseits sind mit den Isotopenmethoden (Rb/Sr, Pb/U) bereits Gesteinsalter von $\sim 3.8 \times 10^9$ a gefunden worden. Damit kann das Erdalter schon einmal mit Sicherheit auf den Bereich

$$3.8 \times 10^9 \text{ a} < t_o < 6 \times 10^9 \text{ a}$$

eingeengt werden.

Damit sind aber die Informationen, die man für dieses Problem aus terrestrischem Material erhalten kann, erschöpft, und man ist darauf angewiesen, zusätzliche Daten aus extraterrestrischem Material zu bekommen. Das Erdalter t_o erscheint bereits in der Formel zur Datierung von Bleimineralen (Gl. (7-4)). Es ist hier eng gekoppelt mit den Werten α_o, β_o, den Bleiisotopenverhältnissen des "Urbleies", also des Bleies vor t_o Jahren. Es wurde hier bereits gesagt, daß für t_o ein Wert von $t_o = 4.55 \times 10^9$ a einzusetzen wäre, wenn sich mit den dort angegebenen Konstanten α_o, β_o vernünftige Bleialter t ergeben sollen.

Die Formel (7-5) ist sehr empfindlich hinsichtlich der Variation der verwendeten Konstanten bei jungen Altern t

($t < 200$ Ma). Es gilt hier

$$-0.4\cdot\Delta t_o - 0.09\cdot\Delta t + 0.18(\Delta\beta-\Delta\beta_o) - 0.31(\Delta\alpha-\Delta\alpha_o) = 0$$

wobei Δt und Δt_o in 10^9 Jahren einzusetzen sind. Daraus ist zu ersehen, daß eine Änderung von t_o um $\Delta t_o = +50$ Ma eine Änderung des Mineralalters um $\Delta t = -222$ Ma ergeben würde, wenn $\alpha, \alpha_o, \beta, \beta_o$ konstant bleiben. Bei konstantem (d.h. bekanntem) α, β und t hat eine Änderung von β_o um $\Delta\beta_o = +0.1$ eine Änderung in t_o von $\Delta t_o = -45$ Ma bzw. bei α_o um $\Delta\alpha_o = +0.1$, um $\Delta t_o = +77.5$ Ma zur Folge. Die gleichen Änderungen der Konstanten β_o und α_o würden andererseits bei konstant gehaltenem t_o Änderungen des Mineralalters um $\Delta t = -200$ Ma im ersten und um +340 Ma im zweiten Fall bewirken. Die Konstanten α_o, β_o und t_o in Formel (7-5) sind also miteinander verknüpft, und sie sind hier mehr als Parameter denn als tatsächlich mit der erforderlichen Genauigkeit ermittelte Meßgrößen zu verstehen.

Aus mehreren noch undifferenzierten Proben, die seit ihrer zur Zeit t_o angenommenen Entstehung sich bis heute hinsichtlich des Urans im gleichen (aber von Probe zu Probe verschiedenen) Milieu befunden haben, also ein Differentiationsalter von $t = 0$ haben, läßt sich aus der Steigung der Ausgleichsgeraden nach Gl. (7-5) das Alter t_o errechnen. Aus zahlreichen Meteoritenproben von Patterson (1956) und Hess & Marshall (1960) ergibt sich eine solche "Geochrone", der ein t_o von 4.6×10^9 a entspricht (Abb. 8.2).

Eine Auswertung von 57 Meteoriten-Isotopenanalysen (in Hamilton 1965) ergibt

$$t_o = (4.56 \pm 0.02) \times 10^9 \text{ a}.$$

Die Annahme, diesen aus Meteoritenproben ermittelten Wert auch auf das Erdalter beziehen zu können, wird dadurch gestützt, daß der Mittelwert des rezenten Krustenbleies

$$a_o = {}^{206}Pb/{}^{204}Pb = 18.78$$
$$b_o = {}^{207}Pb/{}^{204}Pb = 15.82$$

ebenfalls auf dieser "Geochronen" liegt.

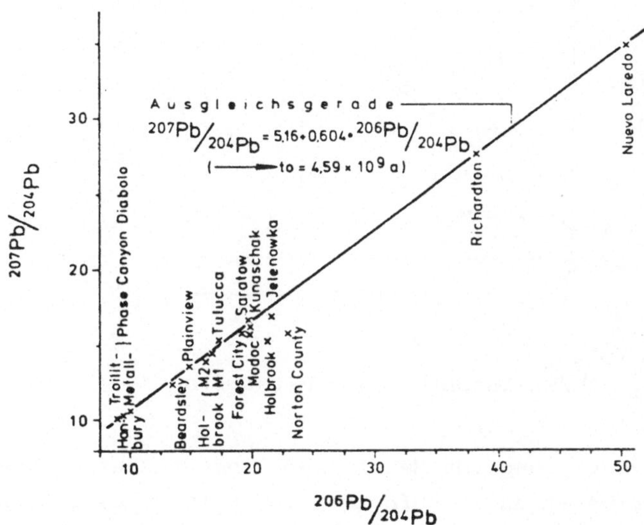

Abb. 8.2: Die $^{207}Pb/^{204}Pb$-$^{206}Pb/^{204}Pb$-Geochrone von Meteoriten-Blei

Auch die Rb/Sr-Isochronenmethode ist mit Erfolg für die Bestimmung von t_o an Meteoriten angewendet worden. Die Isochrone liefert ein Alter von $t_o = 4.5 \times 10^9$ a (Abb. 8.3). Nach Messungen von Bogard (1967) erhält man

$$t_o = (4.60 \pm 0.1) \times 10^9 \text{ a} \quad (\text{mit } \lambda_{Rb} = 1.42 \times 10^{-11} \text{ a}^{-1})$$

Die Übereinstimmung mit dem Ergebnis der Pb-Geochrone kann als befriedigend angesehen werden.

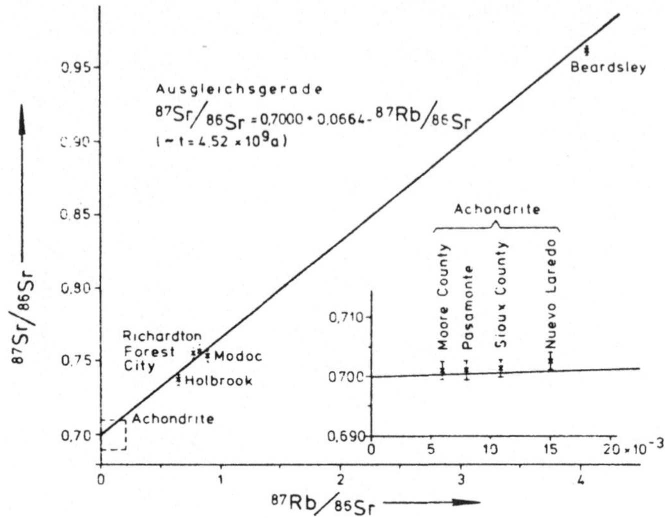

Abb. 8.3: Rb/Sr-Isochrone von Meteoriten

Die K/Ar-Datierung von Meteoriten liefert häufig wegen des Argon-Verlustes durch Aufheizen der Meteorite, z.B. beim Eintritt in die Atmosphäre, ein zu junges Alter. Die Häufigkeitsverteilung der bisher an Meteoriten gemessenen K/Ar-Alter (Abb. 8.4) zeigt aber eine Häufung der K/Ar-Alter bei 4.0 bis etwas über 4.5×10^9 a, ein Bild, das damit ebenfalls dem durch Pb- und Rb/Sr-Isochronen gefundenen Wert nicht widerspricht. Es darf daher für t_o der Wert von etwa

$$t_o = 4.55 \pm 0.1 \times 10^9 \text{ a}$$

angenommen werden.

Abb. 8.4: K/Ar-Alter von Meteoriten

8.3 Datierungen von Mondgestein

Die bei den bemannten Mondlandungen der Apollo-Flüge gewonnenen Proben lieferten erstmalig Material, an dem Altersbestimmungen von Mondgesteinen vorgenommen werden konnten. Die Ergebnisse aller Untersuchungen sind in zahlreichen Einzelarbeiten zu finden.

Die zur Datierung nach den verschiedenen Methoden verwendeten Proben lassen sich in vier Gruppen unterteilen:

Typ A: feinkörniges Kristallingestein
Typ B: mittelkörniges Kristallingestein
Typ C: Brekzie
Typ D: Staub

Wanless et al. (1970) erhielten mit der K/Ar-Methode Alter von 2260 bis 3370 Ma für Proben des Typs A und B, Werte, die offenbar in unterschiedlicher Weise durch Argon-Verlust verändert worden sind.

Turner (1970) konnte mit Hilfe der $^{40}Ar/^{39}Ar$-Korrektur den Argon-Verlust eliminieren und erhielt Werte von 3.6 bis 3.9×10^9 a für Typ A und B Gesteine.

Murthy et al. (1970a,1970b) fanden ein gemeinsames Rb/Sr-Isochronenalter von $4.42 \pm 0.12 \times 10^9$ a ($\lambda = 1.39 \times 10^{-11}$ a^{-1}) mit einem Anfangswert von $(\frac{^{87}Sr}{^{86}Sr})_o = 0.6987 \pm 0.0001$ für die Proben vom Typ A, B, C und D. Die Streuung der Meßpunkte um diese Isochrone übersteigt jedoch die Fehlergrenzen.

Auch Compston et al. (1970) finden eine Rb/Sr-Isochrone für alle Proben von $3.81 \pm 0.07 \times 10^9$ Ma mit einem Anfangswert von $(^{87}Sr/^{86}Sr)_o = 0.69936 \pm 0.00008$.

Eine sehr detaillierte Rb/Sr-Untersuchung wurde von Papanastassiou et al. (1970) an Ganzgesteinsproben und Mineralseparaten des Mondgesteins durchgeführt. Sechs Proben des Kristallingesteins lieferten Einzelisochronen aus Mineralfraktionen, die folgende Werte liefern ($\lambda = 1.39 \times 10^{-11}$ a^{-1}):

Probe	Alter ($\times 10^9$ a)	$(^{87}Sr/^{86}Sr)_o$
10017	3.59 ± 0.05	0.69932 ± 0.00005
10044	3.71 ± 0.11	0.69909 ± 0.00007
10057	3.63 ± 0.02	0.69939 ± 0.00004
1058	3.63 ± 0.20	0.69906 ± 0.00008
1069	$3.68 \pm$	$0.69929 \pm$
10071	3.68 ± 0.02	0.69926 ± 0.00003

Eine Ganzgesteinsisochrone dieser sechs Proben lieferte

$$t = (3.76 \pm 0.12) \times 10^9 \text{ a}$$

$$(\frac{^{87}Sr}{^{86}Sr})_o = 0.69914 \pm 0.0008$$

in guter Übereinstimmung mit den sechs internen Mineralisochronen der Einzelproben.

Im Gegensatz zu diesen Alterswerten erhielten die o.g. Autoren für Mondboden- und Staubproben und die Brekzien eine Isochrone mit $t = 4.67 \times 10^9$ a, einem Wert also, der etwa gleich dem Erdalter ist. Obwohl die $^{87}Rb/^{86}Sr$-Verhältnisse der Mondproben extrem niedrig liegen (<0.1), konnten durch eine außerordentlich hohe Meßgenauugkeit im $^{87}Sr/^{86}Sr$-Verhältnis von etwa $\pm$ 0.1 $^{o}/oo$ Alterswerte mit einer relativ hohen Genauigkeit erhalten werden.

Die Pb/U-Untersuchungen bestätigen diese Ergebnisse weitgehend. Die Analysen von Tatsumoto (1970) zeigten, daß die U-, Th- und Pb-Konzentrationen sehr niedrig sind (U: 0.16 - 0.87; Th: 0.53 - 3.4; Pb: 0.29 - 1.7 ppm), daß jedoch das Blei sehr stark radiogen ist. Dieser Umstand ermöglichte detaillierte U/Pb- und Pb/Pb-Isotopenanalysen. Ganzgesteinsisochronen lieferten in guter Übereinstimmung der $^{208}Pb/^{204}Pb-^{232}Th/^{204}Pb$, $^{207}Pb/^{204}Pb-^{235}U/^{204}Pb$ und $^{206}Pb/^{204}Pb-^{238}U/^{204}Pb$ Isochronendarstellung Alter von

4.6 bis 4.7×10^9 a für Brekzie und Feinmaterial

und 3.8 bis 4.0×10^9 a für das Kristallingestein.

Interne Mineralisochronen der Proben 10012 (Kristallin) und 10084 (Feinmaterial) bestätigen die Ganzgesteinsdaten.

Ein sehr interessantes Ergebnis liefert die Concordia-Darstellung ($^{206}Pb^+/^{238}U$ gegen $^{207}Pb^+/^{235}U$), wobei zur Bestimmung des radiogenen Bleies Pb^+ das Urblei abgezogen wurde. Die aus dem Ganzgestein gewonnenen Meßpunkte definieren in diesem Diagramm eine "Diskordia", deren oberer Schnittpunkt mit der "Concordia" ein Alter von 4.6 bis 4.73×10^9 a und deren unterer Schnittpunkt 3.4 bis 3.8×10^9 a liefert. Die Proben des Feinmaterials liegen nahezu auf oder geringfügig über der "Concordia", sind also etwa konkordant, während die Kristallinproben unterhalb liegen, entsprechend einem Bleiverlust von ~60 % ($\kappa \sim 0.4$) vor $\sim 3.8 \times 10^9$ a.

Zusammenfassend kann festgestellt werden, daß alle Isotopenmethoden in relativ guter Übereinstimmung darauf hinweisen, daß dem Mond ein Primäralter von $\sim 4.6 \times 10^9$ a zuzuschreiben ist, d.h. ein mit dem Erd- bzw. Meteoritenalter übereinstimmender Wert. Eine Differentiation und Bildung von Kristallingestein im Gebiet des Mare Transquillis muß vor etwa 3.7 bis 3.8×10^9 a stattgefunden haben.

Diese Ergebnisse der Datierungen von Mondgestein lassen erkennen, welche weitgehenden Informationen über die geologische Geschichte des Mondes durch die Isotopenmethoden erhalten werden können.

Literatur

Bogard: Rb-Sr-isochron ^{40}K-^{40}Ar ages of the Norton County achondrite. - Earth Plan. Sci. Lett. 3, 179-189, 1967.

Compston, W., Arriens, P.A., Vernon, M.J. & Chappel, B.W.: Rubidium-Strontium Chronology and Chemistry of Lunar Material. - Science 167, 474-476, 1970.

Hamilton, E.I.: Applied Geochronology. - Academic Press, London, New York 1965.

Harland, W.B., Gilbert-Smith, A. & Wilcock, B.: The Phanerozoic Time Scale. - Suppl. of Quart. J. Geol. Soc. London Vol. 120s, 1964.

Hess, P. C. & Marshall, R.R.: The isotopic compositions and concentrations of lead in some chondritic stone meteorites. - Geoch. Cosmochim. Acta 20, 284-299, 1960.

Holmes, A.: The construction of a Geologic Time Scale. - Trans. Geol. Soc. Glasgow 21, 117-152, 1947.

Holmes, A.: A revised Geological Time Scale. - Trans. Edinb. Geol. Soc. 17, 3, 183-216, 1959.

Kulp, J.A.: The Geological Time Scale. - Int. Geol. Congr. Copenhagen pt. III, 18-27, 1960.

Murthy, R.V., Schmitt, R.A. & Rey, P.: Rubidium-Strontium age and elemental and Isotopic abundances of some trace Elements in Lunar Samples. - Science 167, 476-479, 1970.

Murthy, R.V., Evensen, N.M. & Coscio, M.R.: Distribution of K, Rb, Sr and Ba und Rb-Sr isotopic relations in Apollo 11 lunar samples. - Proc. of Apollo 11 Lunar Cont. Vol. 2, 1393-1406, 1970.

Odin, G.S.: Numerical Dating in Stratigraphy, Part II. - 1982, 958-959

Papanastassiou, P.A., Wasserburg, G.J. & Burnett, D.S.: Rb-Sr-Ages of Lunar Rocks from the Sea of Transquillity. - Earth Plan. Sci. Lett. 8, 1-19, 1970.

Patterson, C.: Age of meteorites and the earth. - Geochim. Cosmochim. Acta 10, 230, 1956.

Tatsumoto, M.: Age of the moon: An isotopic study of U-Th-Pb systematics of Apollo 11 Lunar Samples II. - Proc. Apollo 11 Lunar Sci. Conf. Vol. 2, 1595-1612, 1970.

Turner, G.: Argon 40/Argon 39 Dating of Lunar Rock Samples. - Science 167, 466-468, 1970.

Wanless, R.K., Loveridge, W.D. & Stevens, R.D.: Age determinations and isotopic abundances measurements on lunar samples (Apollo 11). - Proc. of Apollo 11 Lunar Science Conference Vol. 2, 1729-1739, 1970.

9. Radiometrische Altersbestimmungen am Brocken-Intrusionskomplex im Harz als Beispiel der Interpretation diskordanter Modellalter (M. Schoell[*)]

9.1 Einleitung

Seit die Methoden der radiometrischen Altersbestimmungen vom physikalischen Standpunkt aus ausgereift waren und ein Mittel der geologischen Forschung wurden, war das Phänomen der diskordanten Modellalter Gegenstand sehr vieler Untersuchungen. Anhand solcher Untersuchungen wurden die prinzipiellen Grenzen der Methoden aufgezeigt, aber auch neue Möglichkeiten der Interpretation entdeckt. Klassisches Beispiel sind hier die Arbeiten von Hart (1964), Jäger u. Niggli (1934) u.a.

Was sind nun diskordante Modellalter?

Wie der Name andeutet, handelt es sich um Modellalter, die über das Maß der Analysengenauigkeit hinaus[**)] unterschiedlich sind. Sie müssen dabei an <u>einem</u> geologischen Körper (Gesteinsprobe oder Granitstock u.a.) ermittelt worden sein. (Unterschiedliche Modellalter an verschiedenen geologischen Körpern, z.B. Granit und Nebengestein, sind natürlich nicht diskordant zu nennen.)

Entsprechend der oben genannten Definition gibt es verschiedene Möglichkeiten diskordanter Modellalter:

a) Unterschiede in den Modellaltern zwischen einzelnen Datierungsmethoden ermittelt an einem Mineral (vgl. Jäger 1965 und Harre et al. 1968);

---

*) Aus Clausthaler Tektonische Hefte Nr. 13, 1973.

**) Modellalter werden meist mit einem Fehler ($\pm 1\sigma$) der sogenannten Standardabweichung angegeben. Dies bedeutet, daß innerhalb dieser Toleranz das Ergebnis mit einer Wahrscheinlichkeit von 68 % meßtechnisch wieder ermittelt werden kann.

b) Unterschiede in den Modellaltern verschiedener Minerale eines Gesteins ermittelt mit einer Methode (bestes Literaturbeispiel: Hart 1964);

c) Unterschiede zwischen Gesteinsdatierung (Isochrone) und Mineralmodellalter (vgl. Kap. 3);

d) Unterschiede in den Modellaltern verschiedener Korngrößen eines Minerals (Harre et al. 1968).

In Kap. 3 sind die Voraussetzungen genannt worden, die gemacht werden müssen, damit die gemessenen Modellalter als "wahres" Alter des Gesteins betrachtet werden können. - Diskordante Modellalter entstehen somit dadurch, daß eine dieser Voraussetzungen nicht erfüllt ist.

Es hat sich gezeigt, daß häufig der Grund für diskordante Modellalter darin zu suchen ist, daß der betrachtete Bereich kein geschlossenes System war. Die betrachteten Bereiche können sein

a) das Mineral
b) das Gestein.

Für beide Fälle lassen sich anhand der Datierungen am Brocken Intrusionskomplex-Beispiele anführen.

Zu 1): Nehmen wir z.B. K/Ar-Modellalter an Mineralen, so kann es sein, daß bestimmte Minerale aufgrund ihrer ungünstigen Gittereigenschaften oder Gitterstörstellen das radiogene Argon nicht quantitativ im Gitter halten können. Somit ergeben diese, trotz gleicher Kristallisationsgeschichte gegenüber "dichten" Mineralen unterschiedliche Modellalter (Typ b der diskordanten Alter). Anhand der K/Ar-Datierungen der Glimmer aus dem Brocken-Intrusivkomplex soll auf den speziellen Fall eingegangen werden, daß Mineralgemische zur

Datierung vorlagen, deren Komponenten offensichtlich unterschiedliches Argonhaltevermögen aufweisen. Es soll an diesem Beispiel dargelegt werden, wie man durch geeignete Darstellung der Meßdaten solche Effekte schnell erkennen kann.

Schließlich wird noch die Möglichkeit gezeigt, wie man in dem speziellen Fall diskordante Modellalter rechnerisch korrigieren kann und damit zu Ergebnissen gelangt, die für die Beantwortung der geologischen Fragestellung des Alters der Brocken-Intrusion herangezogen werden können.

Zu 2): Für das zweite Beispiel, daß das Gestein selbst ein geöffnetes System sein kann, sollen die Rb/Sr- und K/Ar-Datierungen an einem Aplitgranitgang des Brocken-Granits herangezogen werden. Die in Kap. 3 dargestellten Methoden, wie man mit Hilfe des Nicolaysen-Diagramms solche Homogenisierungen darstellt, könnten ganz analog angewendet werden.

Die folgenden Ergebnisse sind natürlich vom Standpunkt der Anwendung für die geologische Fragestellung verzerrt dargestellt. Die Betonung der Möglichkeit, daß unterschiedliche Modellalter aus einem einheitlichen geologischen Komplex ermittelt werden können, soll die Aufmerksamkeit des "Verbrauchers" auf Effekte lenken, die den Begriff "absolute Altersbestimmungen" in ein richtiges Licht rücken.

9.2 Kurze geologische Übersicht

Der Brocken-Intrusionskomplex ist ein, das geologische Bild des Mittelharzes beherrschender, komplexer Intrusionskörper, der im wesentlichen aus drei an die Oberfläche ausstreichenden Teilplutonen besteht. Diese Teilplutone sind der Harzburger Gabbro, der Oker-Granit und der Brocken-Granit im eigentlichen Sinne (Abb. 9.1).

Abb. 9.1: Der Brocken-Intrusionskomplex im Harz
Schwarze Punkte: Probennahme; Zahlen: Proben-Nr.; Buchstaben: Teilbereiche des Brocken-Granits: A: Ilsesteingranit; B: Granit-Diorit-Zone; C,D,E: Randgranit; G,H: Dachgranit; I: Diorit des Ostrandes

Es soll hier nicht auf die Einzelheiten der Geologie eingegangen werden, sie können in den sehr eingehenden Arbeiten von Chrobok (1965) für den Brocken-Granit und von Fuchs (1969) für den Oker-Granit nachgeschlagen werden.

Wesentlich für die Fragestellung nach dem Alter der Intrusion, d.h. im geologischen Sinne nach der Platznahme der Magmen, ist die Tatsache, daß es sich offensichtlich um eine mehrphasige Zufuhr der Magmen handelt, wie sie in Abb. 9.2 schematisch dargestellt ist.

Vorläuferintrusionen werden durch ultrabasische bis gabbroide Magmen gebildet; sie werden gefolgt von der normalgranitischen bis monzonitischen Hauptintrusion, die abgeschlossen wird von einem aplitgranitischen bis quarzporphyrischen Ganggefolge.

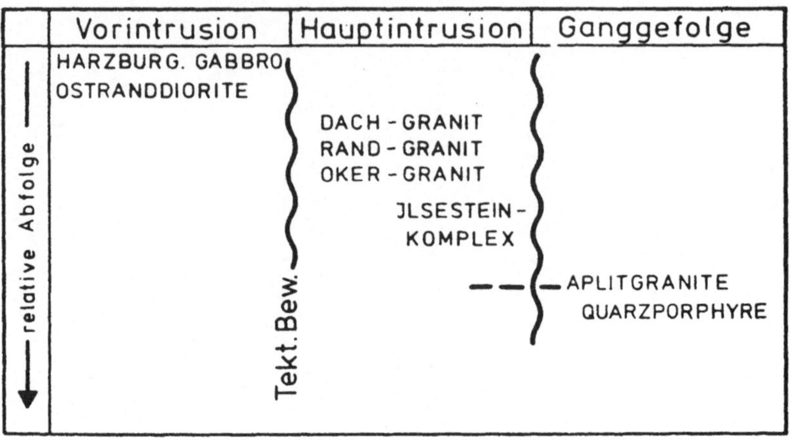

Abb. 9.2: Schema der Intrusionsabfolge im Brocken-Intrusionskomplex

Vom geologischen Rahmen her zu schließen, ist das Maximalalter der Intrusion post unteres Namur; das Minimalalter kann durch Geländebefund lediglich als prae-Quadraten Senon angegeben werden. Regionalgeologische und petrographische Argumente zeigen jedoch eine starke Verwandtschaft zu anderen varistischen Graniten, so daß allgemein eine Platznahme im Oberkarbon angenommen wird. Auf der anderen Seite wurde jedoch z.B. für den Ramberg-Granit in neuerer Zeit durch Hoppe et al. (1965) ein Rotliegend-Alter abgeleitet; es schien daher sehr wichtig zu sein, das tatsächliche Minimalalter der Brocken-Intrusion festzulegen.

9.3 K/Ar-Datierungen an Biotit-Chlorit-Gemischen

9.3.1 Das Datierungsmaterial

In den meisten granitischen Tiefengesteinen sind autometamorphe Umwandlungen des primären Mineralbestandes als Folge der pneumatolytisch-hydrothermalen Endphasen der Kristallisation weit verbreitet. Die spezielle Umwandlung von Biotit in Chlorit ist hierbei eine besonders auffallende Erscheinung. Sie wurde für granitische Gesteine des Moldanubikums von Müller (1966) mineralogisch und chemisch eingehend beschrieben; für die am Brocken-Intrusionskomplex bearbeiteten Proben kann die Darstellung von Müller bis in Einzelheiten übernommen werden. Die Aufbereitung der Glimmerpräparate führt, da die Biotite mechanisch nicht von den Chloriten zu trennen sind, zu Biotit-Chlorit-Gemischen. Da Biotit und Chlorit auch sehr ähnliche magnetische Eigenschaften haben, ist eine quantitative magnetische Trennung nicht möglich. Lediglich eine Handverlesung führt schließlich zu reinen Biotitpräparaten.

Es lag daher nahe, diesen Umstand auszunützen und die Beimengung von Chlorit in den Biotitpräparaten systematisch zu untersuchen.

Für diesen Zweck wurden aus demselben Gesteinsmaterial Glimmergemische verschiedener Biotit-Chlorit-Konzentrationen hergestellt. Da einer der Hauptvorgänge bei der Chloritisierung eine Kaliumabfuhr ist, muß sich der zunehmende Chloritgehalt in den Präparaten im Kaliumgehalt widerspiegeln, wie es in Abb. 9.3 dargestellt ist.

Der Kaliumgehalt wurde flammenphotometrisch bestimmt (±0.06 % K), der Biotitgehalt wurde u.d.M. durch Auszählen der Chloritkörner und der chloritisierten Partien der Biotite mit dem pointcounter (kleine Schrittweise) bestimmt (± 1 - 2 % absolut).

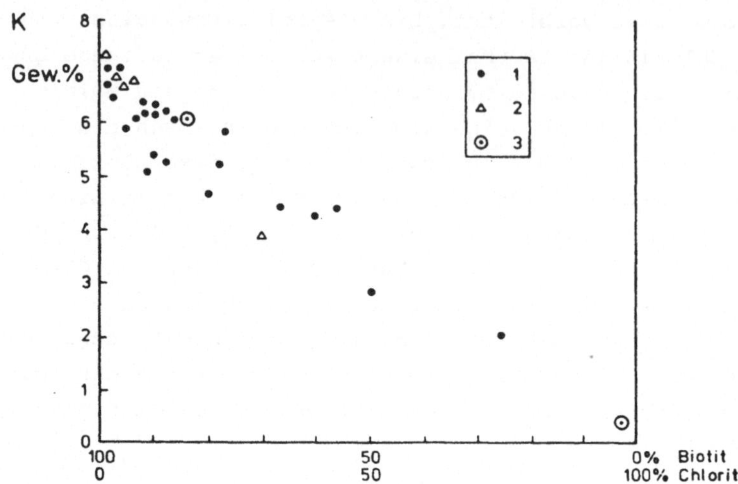

Abb. 9.3: Kaliumgehalt der Biotit-Chlorit-Gemische in Abhängigkeit von ihrer Mineralzusammensetzung Punkte: Brocken-Okergranit; Dreiecke: Harzburger Gabbro; Kreis mit Punkt: Cordierit-Sillimanitgneis Oberpfalz

9.3.2 Einfluß des Chloritgehaltes auf die K/Ar-Modellalter

Die für die Modellalter wichtige Größe ist nun nicht der K-Gehalt, sondern das $^{40}Ar/K$-Verhältnis. Es gibt somit bei der Chloritisierung drei Möglichkeiten, wie sich das $^{40}Ar/K$-Verhältnis ändern kann.

1) Das Kalium wird bevorzugt aus dem Gitter entfernt, Argon verbleibt auf (evtl. anderen) Gitterplätzen (Oktaederschicht): Das $^{40}Ar/K$-Verhältnis, d.h. das Modellalter, muß dann mit zunehmendem Chloritgehalt ansteigen (Evernden u. Kistler 1970). Das verbleibende Argon nennt man Überschußargon.

2) Kalium und Argon werden in gleichen Anteilen aus dem Gitter entfernt: Das $^{40}Ar/K$-Verhältnis bzw. das Modellalter verändert sich nicht.

3) Argon wird bevorzugt aus dem Gitter entfernt, evtl. entlang der Gitterstörstellen eines Restkaliums im Chloritgitter: das $^{40}Ar/K$-Verhältnis und damit das Modellalter müßte mit zunehmendem Chloritgehalt abnehmen.

Die hier aufgezeigten Möglichkeiten sind in Abb. 9.4 graphisch dargestellt.

Abb. 9.4: Schematische Darstellung der Chloritisierung reiner Biotite im $^{40}Ar/K$-Diagramm (Erläuterung im Text)

Da das $^{40}Ar/K$-Verhältnis ein Maß für das Modellalter ist, folgt für die Darstellung in Abb. 9.4, daß mit zunehmender Steigung einer Geraden (Ursprung im O-Punkt) ein größeres Modellalter angezeigt wird. Daraus folgt die Darstellung der oben genannten Möglichkeiten. Es sei als Beispiel nur

Version 1 diskutiert: Kalium wird bevorzugt aus dem Gitter entfernt. Der Punkt "Reiner Biotit" wandert in Richtung des Pfeiles 1 nach Maßgabe der Chloritbeimischung (bzw. der Kalium-Abgabe). Eine Gerade durch den dadurch neu entstehenden Punkt und den Ursprung hat eine größere Steigung als die ursprüngliche Gerade "Reiner Biotit"-Ursprung. Das $^{40}Ar/K$-Verhältnis wurde also größer und somit das Modellalter, das wir in dieser Probe ermittelt hätten. Ganz analog ist die Erläuterung für die Fälle 2 und 3. Die Größen "Überschußargon" und "Restkalium" sind Korrekturgrößen, die man durch Extrapolation erhält. Im Falle des "Überschußargons" im Chlorit z.B. kommt ihm die Bedeutung zu, daß es der Argon-Gehalt ist, für den kein Kalium mehr im Glimmer vorhanden ist.

Aus der Abb. 9.4 geht überdies ein für K/Ar-Datierungen wichtiger Zusammenhang hervor: Es muß nachgewiesen werden, daß bei unterschiedlichem Kaliumgehalt von Mineralen, z.B. Biotiten oder Hellglimmern etc., eine Regressionsgerade im $^{40}Ar/K$-Diagramm durch den Ursprung geht. Da sonst Unterschiede in den Modellaltern keine geologische Bedeutung haben, sondern möglicherweise als Präparationsfehler anzusehen sind.

Wie in Abb. 9.4 können wir nun die Meßergebnisse aus dem Brocken-Intrusionskomplex darstellen. Beschränken wir uns hierbei zunächst auf eine Probe, deren Meßergebnisse in Abb. 9.5 dargestellt sind. Auf der linken Seite sind die Ergebnisse in der bekannten Weise, ^{40}Ar in Abhängigkeit vom Kaliumgehalt der Gemische, abgetragen. Die Linearität der Abhängigkeit dieser Meßgrößen bedeutet, daß zwischen ^{40}Ar-Gehalt und K-Gehalt eine gute Korrelation besteht. Wie die Extrapolation auf einen (fiktiven) Ar-Gehalt von 0 zeigt, handelt es sich offensichtlich um den Fall 3 der in Abb. 9.4 diskutierten Möglichkeiten.

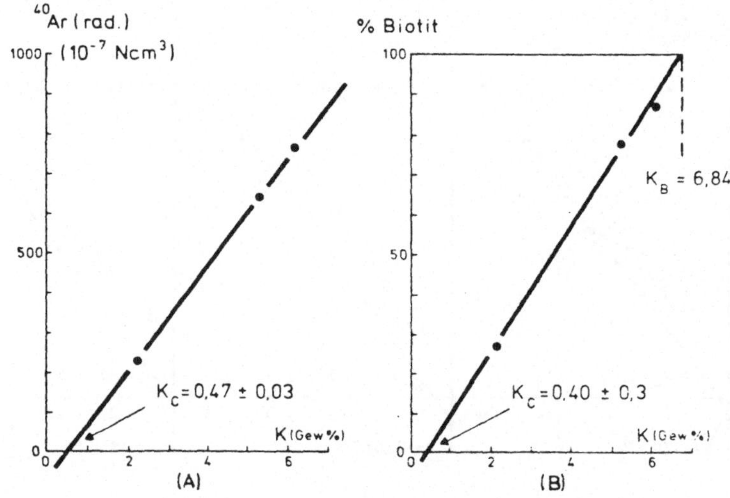

Abb. 9.5: Abhängigkeit (A) des ^{40}Ar-Gehaltes und (B) des Chloritanteils jeweils vom Kaliumgehalt an Gemischen der Probe 2

Was bedeutet nun die Extrapolation? Betrachten wir hierzu Abb. 9.5B. Hier ist die mineralogische Zusammensetzung, d.h. der Chloritgehalt der Gemische ebenfalls in Abhängigkeit vom Kaliumgehalt gesetzt. Durch Extrapolation erhalten wir die K-Gehalte der reinen Endglieder der Mischungsreihe. Im Falle des Chlorits ist dieser K_C = 0.4 %. Denselben Wert erhalten wir auch durch Extrapolation in Abb. 9.5B. Daraus können wir schließen, daß wir in Abb. 9.5B einen K_C-Wert erhalten, der einem Kaliumgehalt in der Probe entspricht, dem kein Zerfallsargon zukommt (ein bezüglich der Datierung inertes Kalium), und durch den Vergleich mit Abb. 9.5B zeigt sich, daß dies der Restkaliumgehalt der Chlorite sein muß.

Dieser Zusammenhang ist nicht nur für eine Probe nachgewiesen. In Abb. 9.6 sind die Ergebnisse aller datierten Proben zusammengestellt. Es wurden hier Regressionsgeraden errechnet unter Berücksichtigung der Meßfehler der Einzelwerte.

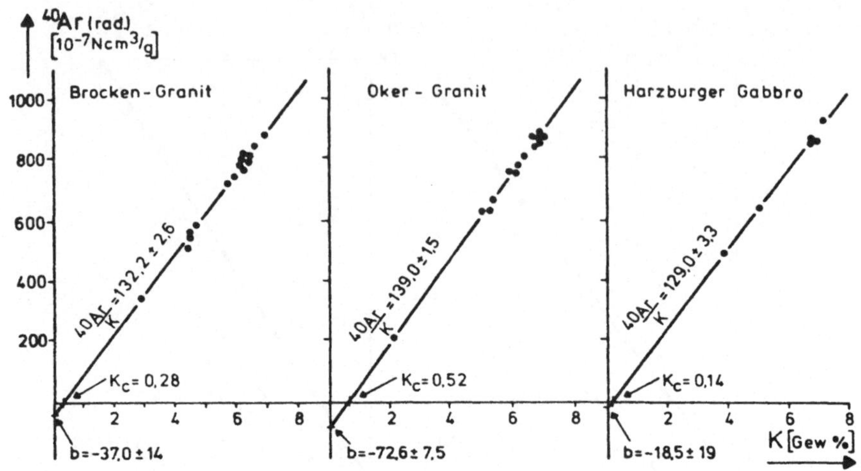

Abb. 9.6: Die Argon-Isotopenanalysen dargestellt im $^{40}Ar/K$-Diagramm; aufgegliedert nach den einzelnen Massiven

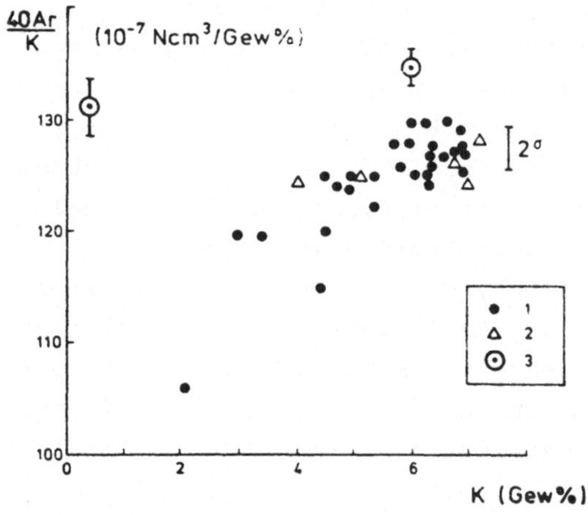

Abb. 9.7: Die $^{40}Ar/K$-Verhältnisse der Biotit-Chlorit-Gemische in Abhängigkeit vom Kaliumgehalt

Alle Geraden, für die einzelnen Massive gesondert dargestellt, ergeben den an der Einzelprobe oben diskutierten Zusammemhang, weil die Meßwerte innerhalb ihrer Fehler auf diesen Geraden liegen. Da die Geraden nicht durch den Ursprung gehen (Ar-Verlust), werden die $^{40}K/Ar$-Verhältnisse kleiner, je geringer der K-Gehalt der Proben wird, wie es in Abb. 9.7 dargestellt ist.

Anders gesprochen, wir erhalten aus einem Intrusionskomplex jedes beliebige Modellalter, was geologisch natürlich sinnlos ist, und damit erhebt sich die Frage nach deren Korrektur.

9.3.3 Korrektur der Modellalter

Am einfachsten kann das Prinzip der Korrektur wieder anhand von Abb. 9.5 dargelegt werden. Aus Abb. 9.5B läßt sich leicht ersehen, daß man aus den K-Gehalten der Gemische (sie seien mit K_{BC} bezeichnet) die K-Gehalte der reinen Endglieder der Mischungsreihe (K_B und K_C) durch Extrapolation ermitteln kann. Wenn wir den Anteil an Biotit im Gemisch mit b, den des Chlorits mit c bezeichnen, so ergibt sich durch einfache Verhältnisbildung in Abb. 9.5B

$$K_B = \frac{K_{BC} - K_C}{b} + K_C$$

oder

$$K_B = \frac{K_{BC} - K_C(1-b)}{b}$$

Wenn wir nun folgende Indizes einführen

B = Biotit

BC = Gemisch

C = Chlorit

so gilt für das Modellalter des Gemisches

$$M' = \frac{^{40}Ar_{BC}}{K_{BC}}$$

Für das Modellalter des reinen Biotits muß der Anteil des Chlorits im Gemisch berücksichtigt werden und beträgt

$$M = \frac{^{40}Ar_{B}}{b \cdot K_{B}}$$

Da das Restkalium im Chlorit kein Argon einführt (Abb.9.6A) gilt:

$$^{40}Ar_{BC} = {}^{40}Ar_{B}$$

und somit läßt sich das Modellalter korrigieren

$$M = M' \frac{K_{BC}}{b \cdot K_{B}}$$

Mit der ersten Gleichung folgt dann:

$$M = M' \frac{K_{BC}}{K_{BC} - K_{C}(1-b)}$$

In einer Fehlerrechnung läßt sich zeigen, daß der Fehler der Korrektur klein bleibt im Vergleich zum Meßfehler, wenn man für Gehalte <30 % Chlorit korrigiert.

In Abb. 9.8 ist der Effekt der Korrektur dargestellt. Die unkorrigierten Modellalter überdecken einen Bereich von 301 - 248 Ma, wogegen sich die korrigierten Werte im Bereich zwischen 302 - 288 Ma bewegen.

Die Mittelwerte der korrigierten Modellalter können aus Tab. 9.1 entnommen werden.
Diese Werte der Tab. 9.1 sollen später für die geologische Interpretation herangezohen werden.

Abb. 9.8: Häufigkeitsverteilung der K/Ar-Modellalter der Biotit-Chlorit-Gemische
Unten: unkorrigierte Werte; oben: auf 100 % Biotit korrigierte Werte.
Zum Vergleich sind die Rb/Sr-Modellalter von 4 reinen Biotiten eingetragen.

Tab. 9.1: Mittelwerte der korrigierten K/Ar-Modellalter der Biotite

	gew. Mittel	Fehler d. Einzelmsg.	Fehler d. Mittels	Anzahl d. Messgn.
Brocken-Granit	294.6	± 3.3	± 0.9	12
Oker-Granit	295.4	± 3.2	± 0.9	14
Harzb. Gabbro	293.4	± 3.0	± 1.3	5
Alle	294.7	± 3.2	± 0.6	31

9.4 Die Rb/Sr-Datierungen

9.4.1 Gesamtgesteinsanalysen am Brocken- und Oker-Granit

Um den in der Einleitung genannten zweiten Fall diskordanter Modellalter zu behandeln, müssen zunächst die Ergebnisse der Datierungen an granitischen bis dioritischen Gesteinen des Oker- und Brocken-Granits diskutiert werden.

Die Gesteine wurden so ausgewählt, daß ein möglichst weiter Bereich in den Rb/Sr-Verhältnissen überstrichen wird. Da Diorite Sr-reich und Rb-arm sind und Granite dagegen Sr-arm und Rb-reich (vgl. Abb. 9.9), war die Auswahl nicht schwierig.

Die Darstellung der Isotopenanalysen im Nicolaysen-Diagramm (Abb. 9.10) zeigt, daß die Proben von Oker-Granit und Brokken-Granit innerhalb ihrer Meßfehler auf einer Geraden liegen.

Die gesonderte Berechnung der Daten des Oker-Granits ergab dieselbe Steigung der Geraden. Die errechneten Modellalter und die $^{87}Sr/^{86}Sr$-Anfangswerte der Isochronen wurden in Tab. 9.2 zusammengestellt.

Abb. 9.9: Rb- und Sr-Gehalt der Magmatite des Brocken-Intrusionskomplexes

Abb. 9.10: Die Rb- und Sr-Isotopenanalysen an Gesamtgesteinen dargestellt im Nicolaysen-Diagramm

Tab. 9.2: Modellalter und Anfangswerte der Gesamtgesteinsisochronen

	Modellalter in Ma	$^{87}Sr/^{86}Sr$ Anfangswert
Brocken-Granit	288 ± 12	0.712 ± 0.004
Oker-Granit	285 ± 13	0.714 ± 0.002
Brocken- und Oker-Granit	285 ± 6	0.713 + 0.001

Übereinstimmend mit den K/Ar-Datierungen an den Biotiten zeigen Brocken- und Oker-Granit gleiche Modellalter. Der systematische Unterschied zwischen Rb/Sr-Gesamtgestein und K/Ar-Biotit-Modellaltern sollte nicht überbewertet werden:

1) müßten die Meßergebnisse mindestens 3 σ (Fehlerbalken in Abb. 9.15) auseinanderliegen, um statistisch signifikant verschieden zu sein;

2) Bestehen zwischen der Rb/Sr- und K/Ar-Methode noch systematische Unsicherheiten (Zerfallskonstante), so daß bei Meßfehlern von ca. 1 % der Unterschied 10 - 15 % sein müßte, um signifikant zu sein.

9.4.2 Gesamtgesteinsanalyse an einem Aplitgranit-Gang als Beispiel für Sr-Homogenisierung im Gesteinsbereich

9.4.2.1 Kurze petrographische Beschreibung

Der Aplitgranit tritt im rötlich-grauen Brockengranit als heller, leukokrater ± scharf begrenzter Gang auf. Hauptcharakteristikum ist seine chemische und mineralogische Zonierung, wie es sehr deutlich aus den Variationsdiagrammen in Abb. 9.11 hervorgeht.

Abb. 9.11: Variationsdiagramm (A) der mineralogischen und (B) der chemischen Zusammensetzung des Aplitgranitganges und seines Nebengesteins
Q: Quarz; Pl: Plagioklas; Kf: (K,Na) Feldspat

Man erkennt die Zonierung besonders klar am (K,Na) Feldspat- und Plagioklasgehalt, der sich jeweils im Rb- bzw. Sr-Gehalt der einzelnen Bereiche widerspiegelt. Entsprechend stark variieren die Rb/Sr-Verhältnisse und bilden somit die ideale Voraussetzung für Isotopenanalysen.

9.4.2.2 Allgemeines zur Sr-Homogenisierung im Gesteinsbereich

Unter Sr-Homogenisierung im Gesteinsbereich versteht man eine Neuverteilung des radiogenen und gewöhnlichen Strontiums zu irgend einem Zeitpunkt nach der Kristallisation des Gesteins. In Kap. 3 wurde die Sr-Homogenisierung am Beispiel Mineral-Gestein gezeigt (Abb. 3.2). So wie ein Mineral auf kurze Distanz im Gesteinskörper eine Anomalie darstellt bezüglich der Elemente Rb und Sr, so stellt auch meist ein leukokrater Gesteinskörper in einem Granit eine derartige Anomalie dar. Die notwendige Voraussetzung für die Registrierung von Homogenisierungen sind diskrete, meßbare Unterschiede im Rb- bzw. Sr-Gehalt der betrachteten Körper, etwa in verschiedenen Mineralen eines Gesteins. Hinzu kommt, daß nach Ergebnissen von Isotopenanalysen von Jäger (1970) saure Sr-arme Gesteine sehr empfindlich auf Effekte reagieren, die Sr-Homogenisierungen hervorrufen.

In Abb. 9.12 sind zwei Möglichkeiten schematisch dargestellt. Daraus geht hervor, daß es gleichgültig ist, ob das Nebengestein Sr-reicher oder Sr-ärmer ist als die Gesteinsschliere. In jedem Fall wird bei einer vollständigen Sr-Homogenisierung zwischen Schliere und Gesteinskörper (angedeutet durch den dicken Pfeil in Abb. 9.12) durch die Analyse der Schliere der Zeitpunkt der Homogenisierung registriert. Ein schönes Anwendungsbeispiel hat Grauert (1969, S. 102) durch die Analysen eines Aplitgranits aus dem Silvretta-Kristallin geliefert als Beispiel für Abb. 9.12A.

Abb. 9.12: Schematische Darstellung der Sr-Homogenisierung zwischen Nebengestein und Gesteinsschlieren oder -gang: (A) Schlieren Sr-reicher, (B) Sr-ärmer als Nebengestein

9.4.2.3 Die Ergebnisse und deren Diskussion

Der Aplitgang wurde entsprechend seiner chemischen Gliederung in 5 Zonen (3-7) eingeteilt; an den Gesamtgesteinsproben wurden Rb- und Sr-Isotopenanalysen durchgeführt; an einem handverlesenen, sehr reinen Biotit erfolgte eine K/Ar-Altersbestimmung. Die Ergebnisse der Rb- und Sr-Isotopenanalysen sind im Nicolaysen-Diagramm der Abb. 9.13 dargestellt.

Anhand dieser Abbildung kann man sehr leicht folgende Feststellungen machen, die Grundlage der folgenden kurzen Diskussion sein müssen:

1) Meßwerte der einzelnen Zonen des Aplits im Nicolaysen-Diagramm liegen auf einer Geraden.

2) Der $^{87}Sr/^{86}Sr$-Anfangswert des Aplits ist höher als der des Granits (0.722 gegenüber 0.714).

3) Die Steigung der Isochrone ist verglichen mit der des Granits geringer.

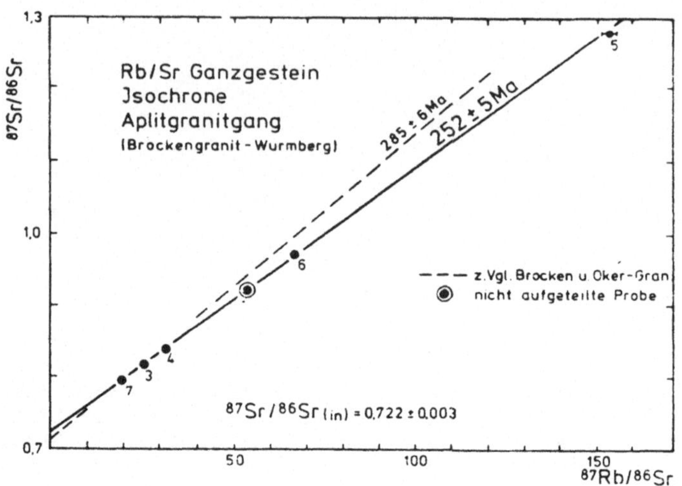

Abb. 9.13: Die Isotopenanalysen am Aplitgranitgang im Nicolaysen-Diagramm

4) Das K/Ar-Modellalter des reinen Biotits aus dem Aplit beträgt 294 ± 5 Ma und ergab somit exakt das Modellalter des Granits.

Punkt 1) läßt sich alternativ erklären:

a) Die Gerade stellt ein reelles Modellalter dar.

b) Die Gerade bestimmt den Zeitpunkt eines vollkommenen Sr-Ausgleiches Granit-Aplit.

Gegen a) spricht das K/Ar-Modellalter des Biotits von 294 ± 5 Ma, das im Sinne der oben genannten Definitionen als diskordant anzusprechen wäre. Weiterhin spricht der Anfangswert des Aplits von 0.722 gegen diese Möglichkeit, da wir sonst eine Differentiation saurer aplitischer Schmelzen von Granit 30 - 40 Ma nach dessen Intrusion und Abkühlung annehmen müßten.

Somit muß die zweite Möglichkeit einer Sr-Homogenisierung angenommen werden.

Die Linearität im Nicolaysen-Diagramm zeigt, daß es sich um einen vollkommenen Sr-Ausgleich Aplit-Nebengestein gehandelt haben muß. Dieser Vorgang kann sehr verständlich dargestellt werden anhand des in Kap. 2 erwähnten Compston-Jeffery-Modells, wie es in Abb. 9.14 geschehen ist.

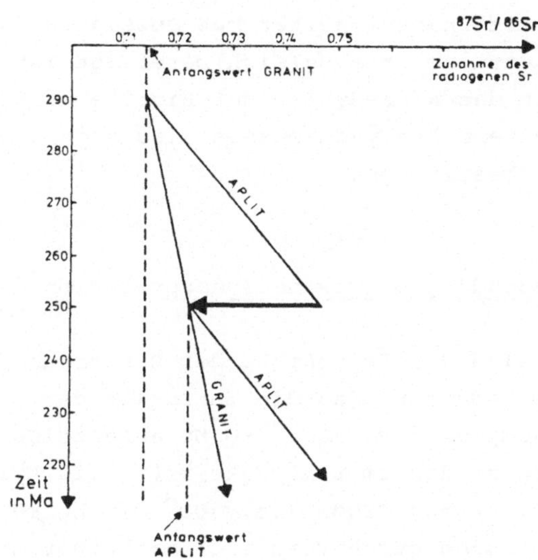

Abb. 9.14: Darstellung der Sr-Homogenisierung des Aplitganges im Compston-Jeffery-Diagramm

Der Granit beginnt seine $^{87}Sr/^{86}Sr$-Entwicklung nach Maßgabe seines ^{87}Rb-Gehaltes von ca. 70 ppm bei ca. 290 Ma und erreicht bei 250 Ma, d.h. nach 40 Ma den Wert $^{87}Sr/^{86}Sr$ von 0.722. Da der Aplitgranit einen höheren ^{87}Rb-Gehalt hat, erreicht dieser in der gleichen Zeit einen $^{87}Sr/^{86}Sr$-Wert von 0.746. In diesem Zeitpunkt findet die Sr-Homogenisierung statt und läßt den $^{87}Sr/^{86}Sr$-Wert des Aplits auf den des Granits absinken, und die Sr-Entwicklung des Aplits beginnt bei dem neuen Wert 0.722, der als Anfangswert der Isochrone ermittelt wurde.

Diese Zusammenhänge wurden bewußt vereinfacht dargestellt, um Prinzip und Wirkung einer Sr-Homogenisierung darzustellen. Es soll auch für weitere Untersuchungen eher als Arbeitshypothese dienen, die durch weitere Analysen bestätigt werden muß. - So ist noch ungeklärt, welche Rb/Sr-Modellalter die Biotite haben. Weiter muß gezeigt werden, welche Mineralkomponente am Sr-Ausgleich beteiligt ist, nachdem offensichtlich das K/Ar-System der Biotite nicht angegriffen wurde. Weitere Analysen müssen also noch die bisherige Modellannahme bestätigen.

9.5 Abschließende geologische Interpretation

In Abb. 9.15 sind die Ergebnisse der Datierungen zusammengestellt. Sie bedeuten, daß die Intrusion der Tiefengesteine des Brocken-Komplexes vor ca. 290 Ma abgeschlossen war. Die Gesteine waren zu diesem Zeitpunkt unter die kritische Diffusionstemperatur von Argon (ca. 300° C) abgekühlt. Dieser Zeitpunkt läßt sich durch Vergleich mit einer stratigraphisch gesicherten K/Ar-Datierung aus dem Ruhrgebiet (Damon 1968) als Grenze Westfal/Stephan bestimmen. Die Einzelheiten unterscheiden sich in ihren K/Ar-Modellaltern nicht signifikant. Da aber K/Ar-Modellalter Abkühlungsalter sind - und das ist wichtig für jede Interpretation - kann dies nicht notwendig heißen, daß die Intrusionen gleichalt sind. Die einheitlichen K/Ar-Modellalter besagen vielmehr, daß der Bereich, in den die Brocken-Magmatite intrudierten, eine gemeinsame Abkühlungsgeschichte hatten. Die bisherigen Ergebnisse schließen nicht aus, daß z.B. der Harzburger Gabbro

Abb. 9.15: Zusammenstellung der Modellalter

30 Ma vor dem Brocken-Oker-Granit intrudierte; die Intrusion des Brocken-Granits und die damit verbundene Aufheizung dieses Krustenbereiches kann die Öffnung der Minerale (Argonabgabe) zur Folge gehabt haben.

In dieser Hinsicht geben die Rb/Sr-Datierungen an Biotiten keinen weiteren Aufschluß über die Intrusionsgeschichte des Harzburger Gabbros; sie bestätigen die K/Ar-Modellalter.

Auf der anderen Seite ist die Übereinstimmung innerhalb der Fehlergrenzen von Rb/Sr-Ganzgesteinsdatierungen mit den K/Ar-Modellaltern von Oker- und Brocken-Granit ein Hinweis dafür, daß Intrusion und Abkühlung eine Phase in der Geschichte des Granitkomplexes sind. Somit kann als gesichert angenommen werden, daß die eigentliche Intrusionsgeschichte des Brokken-Massivs im oberen Westfal, höchstens im mittleren Stephan abgeschlossen war. - Die Gesteine und vor allem die sauren Varianten waren jedoch nach diesem Zeitpunkt z.T. chemisch offene Systeme hinsichtlich der Elemente Rubidium und Strontium. Dies wird deutlich durch die Datierungen an einem Aplitgranit im Brocken-Granit. Als ein mit den vorläufigen Daten übereinstimmendes Arbeitsmodell muß angenommen werden, daß im Dezimeterbereich z.T. vollkommene Sr-Homogenisierung vor 250 Ma, d.h. an der Grenze Unter Rotliegend - Ober Rotliegend, stattgefunden hat. Als geologische Ursache kann hierfür eine regionale Aufheizung der Brocken-Gebiete während der Zeit des Rotliegend-Vulkanismus (Ilfelder Becken, Meisdorfer Becken) in der näheren Umgebung in Betracht kommen.

Literatur

Chrobok, S.M.: Untersuchungen zur Geologie des Brockenmassivs (Harz). - Geologie 14, Beih. 48, 82 S., 1964.

Damon, P.E.: K/Ar dates for the Upper Carboniferons (Lower Westphalien C) Hagen Tonstein. - Annual Progress Report Nr. COO-689-100 Contract AT (11-1)-689, S. 61-63, Tucson, Arizon, 1968.

Evernden, J.F. & Kistler, R.W.: Chronology of Emplacement of Mesozoic Batholithic Complexes in California and Western Nevada. - Geol. Surv. Prof. Paper 623, U.S. Government Printing Office, Washington, 1970.

Fairbairn, H.W. & Hurley, P.M.: Northern Appalachian Geochronology as a Model for Interpreting ages in Older Orogens. - Eclog. Geol. Helv. 63, 1, 83-90, 1970.

Fuchs, W.: Untersuchungen zur Geologie und Petrographie des Oker-Plutons im Harz. - Clausthaler Tektonische Hefte 9, 111-185, 1969.

Grauert, B.: Die Entwicklungsgeschichte des Silvretta-Kristallins aufgrund radiometrischer Altersbestimmungen. - Diss. Univ. Bern, München, 1969.

Harre, W., Kockel, F., Kreuzer, H., Lenz, H., Müller, P. & Walther, H.W.: Über Rejuvenationen im Serbo-Mazedonischen Massiv (Deutung radiometrischer Altersbestimmungen). - XXIII Internat. Geol. Congr. Vol. 6, 223-236, 1968.

Hart, S.R.: The petrology and isotopic mineral age relations of a contact zone in the Front range, Colorado. - J. Geol. 72, 5, 493-516, 1964.

Hoppe, G., Kunert, R. & Schwab, M.: Zirkone aus Gesteinen des mitteldeutschen Permokarbons. II. Die Altersstellung des Auerbergporphyrs im Harz. - Geologie 14, 7, 777-813, 1965.

Jäger, E. & Niggli, E.: Rubidium-Strontium-Isotopenanalysen an Mineralien und Gesteinen des Rotondogranites und ihre geologische Interpretation. - Schweiz. Min. Petr. Mitt. 44, 61-81, 1964.

Jäger, E.: Rb-Sr-Systems in Different Degress of Metamorphism. - Eclog. Geol. Helv. 63, 1, 163-172, 1970.

Müller, G.: Die autometamorphe retrograde Umwandlung von Biotiten in Chlorite und Muskowite in sauren Tiefengesteinen. - Contr. Mineral. and Petrol. 13, 295-365, 1966.

10. Datierung des Falkenberger Granits

Der Falkenberger Granit ist ein porphyrisch ausgebildeter Zweiglimmer-Granit mit bis zu 10 cm großen Kalifeldspat-idioblasten in mittel- bis grobkörniger Grundmasse. Südlich schließt sich der Leuchtenberger Granit und südöstlich der Flossenbürger Granit an (Abb. 10.1). Eine geochemische Untersuchung von Madel (1975), der die Verteilung der Elemente Li, Na, K, Rb, Ca, Sr, Ba, Ti und Zr mit 155 Probenpunkten und eine Untersuchung des Bayerischen Geologischen Landesamtes, bei der die Elemente U, Th, Sr, Rb und Pb mit 323 Proben flächenhaft bestimmt werden konnten, zeigt, daß nicht nur der ältere Leuchtenberger und der jüngere Flossenbürger Granit als gesonderte Einheit, sondern auch, daß der NW-Teil und der SE-Teil des Falkenberger Granits als getrennte Einheiten anzusehen sind.

Die Verteilung der Sr-Konzentration (Abb. 10.2) zeigt sehr einheitliche, um 60 ppm Sr schwankende Werte im NW-Teil, die sowohl nach Süden als auch nach Osten auf kürzere Entfernung auf über 100 ppm ansteigen. Der Leuchtenberger Granit ist mit einer Sr-Konzentration von 200 ± 70 ppm dem Weißenstadt-Marktleuthener Granit (G 1) im Fichtelgebirge, der Flossenbürger Granit mit 27 ± 11 ppm Sr dem Kerngranit (G 3) im Fichtelgebirge mit 29 ± 8 ppm vergleichbar. Rb/Sr-Isochronen haben Alter von 321 ± 8 Ma für den Leuchtenberger Granit (Köhler et al. 1974) und 321 ± 14 Ma für den Weißenstadt-Marktleuthener Granit (Besang et al. 1976) ergeben. Der Flossenbürger Granit wurde mit 305 ± 12 Ma (Köhler et al. 1974 und Neuberechnung in Wendt et al. 1985) und die jüngeren Fichtelgebirgsgranite G 2 und G 4 zwischen 290 und 300 Ma (Besang et al. 1976) datiert.

Eine mineralogisch-petrographische Untersuchung von Kassel (1983) an Kernen von bis zu 300 m tiefen Bohrungen ca. 1 km

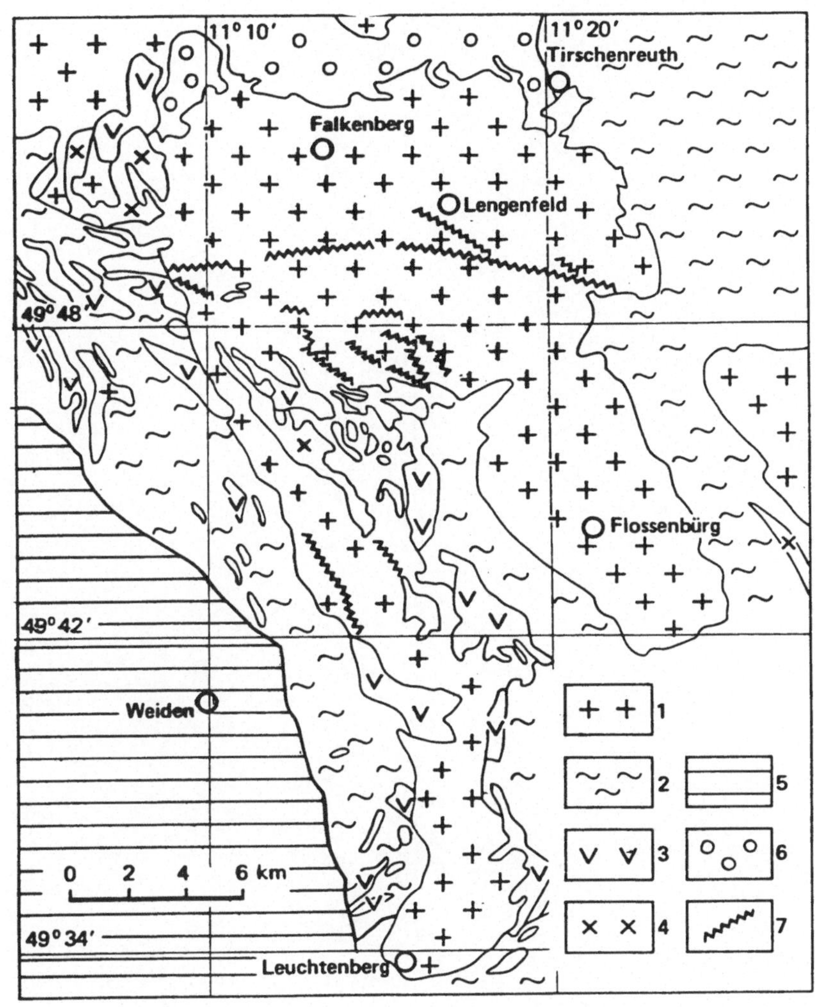

Abb. 10.1: Schematische geologische Karte des Falkenberger Granitkomplexes
1 = Granit; 2 = Gneis; 3 = Metabasite; 4 = Redwizit; 5 = Perm, Mesozoikum; 6 = Tertiär, Quartär; 7 = Struktur im Gneis

Abb. 10.2: Isolinien der Sr-Verteilung, Gehalte in ppm.
Punkte = Probenfundpunkte

westlich des Ortes Falkenberg ergab, daß drei Typen des Falkenberger Granits zu unterscheiden sind. Neben dem Normaltyp (hier jetzt als NF bezeichnet), der mit ca. 96 % auftritt, gibt es noch den quarzreichen Typ (QF) und einen feldspatreichen Typ (FF), die je etwa 2 % Häufigkeit haben (Abb. 10.3). Außer diesen Bohrkernen wurden noch Kerne aus

Abb. 10.3: Ausprägungen des Falkenberger Granits: oben: NF und FF*, unten: FF und QF

Bohrungen bei Lengenfeld (LG) und Haid (HD) sowie aus einem bereits zum SE-Komplex gehörigen Steinbruch bei Liebenstein (LB) beprobt (Wendt et al. 1985). Die Auswertung der chemischen Analysen (Abb. 10.4) zeigt, daß die FF und QF-Typen keine Differentiationsfolge, sondern lediglich Anreicherungen der Grundmasse bzw. Feldspat darstellen. Hingegen unterscheiden sich die Proben des Liebensteiner (LB)-Vorkommens erheblich von den restlichen Proben, und eine Altersgleichheit dieser Gruppe mit dem Falkenberg-NW-Typ kann nicht unbedingt vorausgesetzt werden.

Das Rb/Sr-Isochronendiagramm (Abb. 10.5) ergibt einen Alterswert von 311 $\pm$ 4 Ma bei einem Anfangswert von 0.7097 $\pm$ 0.0008.

Es wurden an 19 Proben Mineralalter an Biotiten und Muskowiten z.T. sowohl nach der K/Ar- als auch nach der Rb/Sr-Methode bestimmt. Die K/Ar-Datierungen wurden jeweils an zwei Korngrößenfraktionen durchgeführt. Es ergibt sich folgendes Bild (Abb. 10.6):

- Die K/Ar-Muskowitalter streuen im Rahmen ihrer Fehlergrenzen von $\pm$ 1.5 Ma um 309.5 $\pm$ 0.5 Ma.

- Die Rb/Sr-Muskowitalter streuen um 306.5 $\pm$ 0.8 Ma, erscheinen also um 3.0 $\pm$ 0.9 Ma jünger als die K/Ar-Daten.

- Die K/Ar-Biotitalter sind ihrerseits wieder konstant und liefern einen Mittelwert von 300.0 $\pm$ 0.5 Ma in Übereinstimmung mit den Rb/Sr-Biotitdaten von 299.7 $\pm$ 0.8 Ma.

Die Muskowitdaten bestätigen das Gesamtgesteinsalter von 311 $\pm$ 4 Ma, das als Intrusionsalter zu deuten ist, und zeigen, daß die Abkühlung auf Temperaturen unter 450 bis 500° C relativ schnell erfolgt ist. Die um 9.5 $\pm$ 1.2 Ma

---

Abb. 10.4: Korrelationsdiagramm für CaO-SiO_2; Rb-K_2O; TiO_2-MgO; U-Pb; Rb-Sr; Ce-Zr; Ba-Sr und Th-Zr

Abb. 10.5: Rb/Sr-Isochrone des Falkenberger Granits

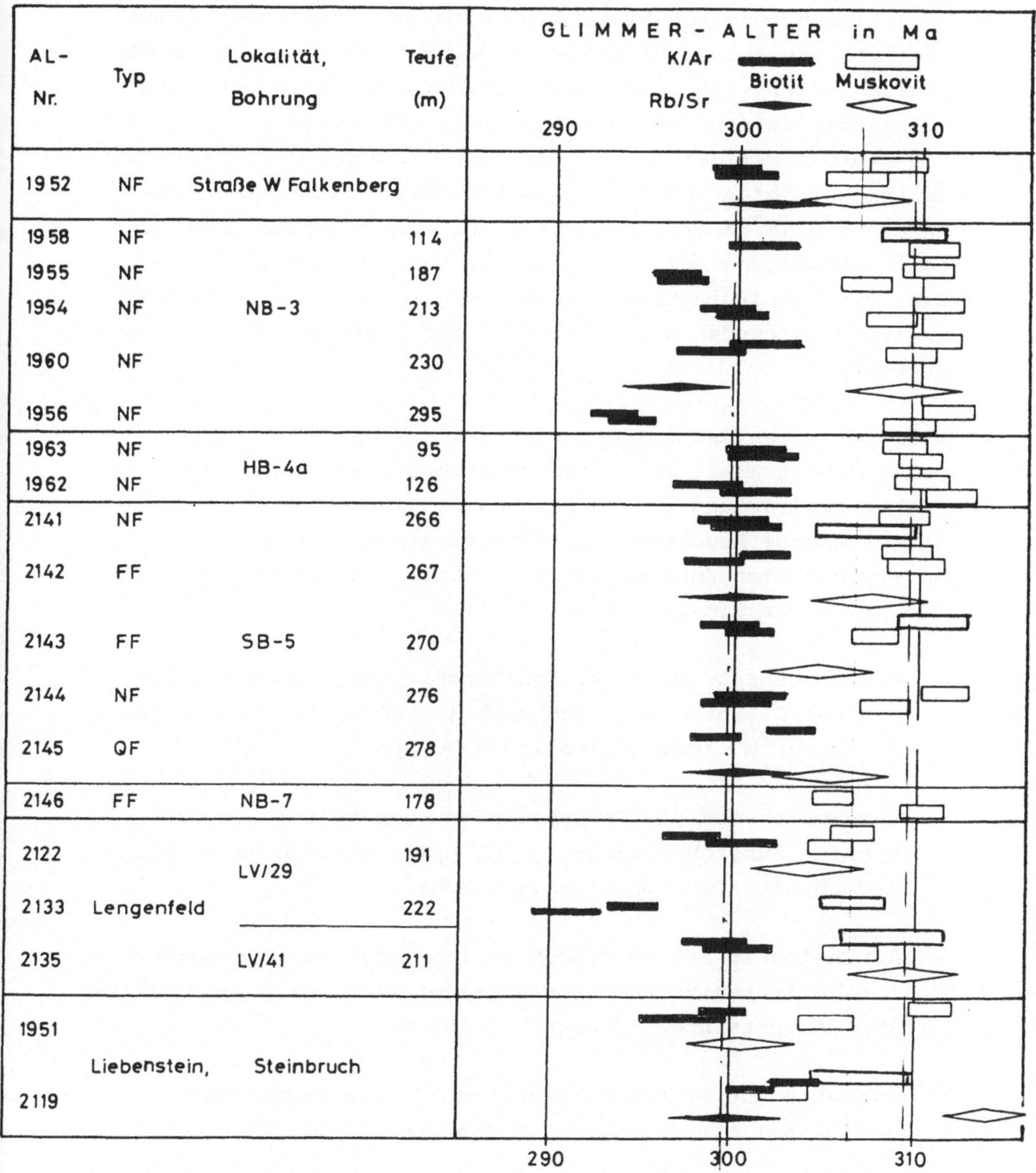

Abb. 10.6: K/Ar- und Rb/Sr-Mineraldaten des Falkenberger Granits

signifikant jüngeren Biotitdaten, die mit einer ausreichenden Zahl von Proben belegt sind, weisen auf eine letzte Abkühlung unter ~350° C vor etwa 300 Ma hin. Thermische Berechnungen zeigen, daß die Abkühlung eines heiß intrudierten Plutons mit den Abmessungen des Falkenberger Granits bei Intrusionstiefen von 3 bis 4 km auf die Umgebungstemperatur in einigen 10^4 a erfolgen würde. Es wäre also nur eine erneute Aufheizung auf über ~350° C, aber unter 450 - 500° C, z.B. durch weitere Granitintrusionen in der Nähe oder einer länger anhaltenden Wärmequelle in der Tiefe als Ursache anzusehen.

Betrachtet man den Falkenberger Granit, der mineralogisch-petrographisch wie der Weißenstadt-Marktleuthener Granit im Fichtelgebirge und der südlich an den Falkenberger Granit anschließende Leuchtenberger Granit als G 1 anzusehen ist, so ergeben sich doch signifikante Unterschiede zunächst in geochemischer Hinsicht (Abb. 10.7):

- Die Sr-Gehalte sind für den Leuchtenberger und Weißenstädter G 1 nahezu gleich hoch (~200 ppm), für den Falkenberger NW jedoch niedrig (~ 70 ppm).

- Umgekehrt sind die Rb-Gehalte für die beiden o.g. G 1-Granite ähnlich niedrig (~ 200 ppm), für den Falkenberger jedoch mit ~400 ppm erheblich höher.

- Im Th-Gehalt ist er jedoch ähnlich hoch wie die beiden o.g. G 1-Granite und unterscheidet sich darin signifikant von den genannten jüngeren Gesteinen.

- Hingegen hat er einen erheblich höheren Urangehalt (~ 15 ppm) als die o.g. G 1-Granite (5 - 7 ppm).

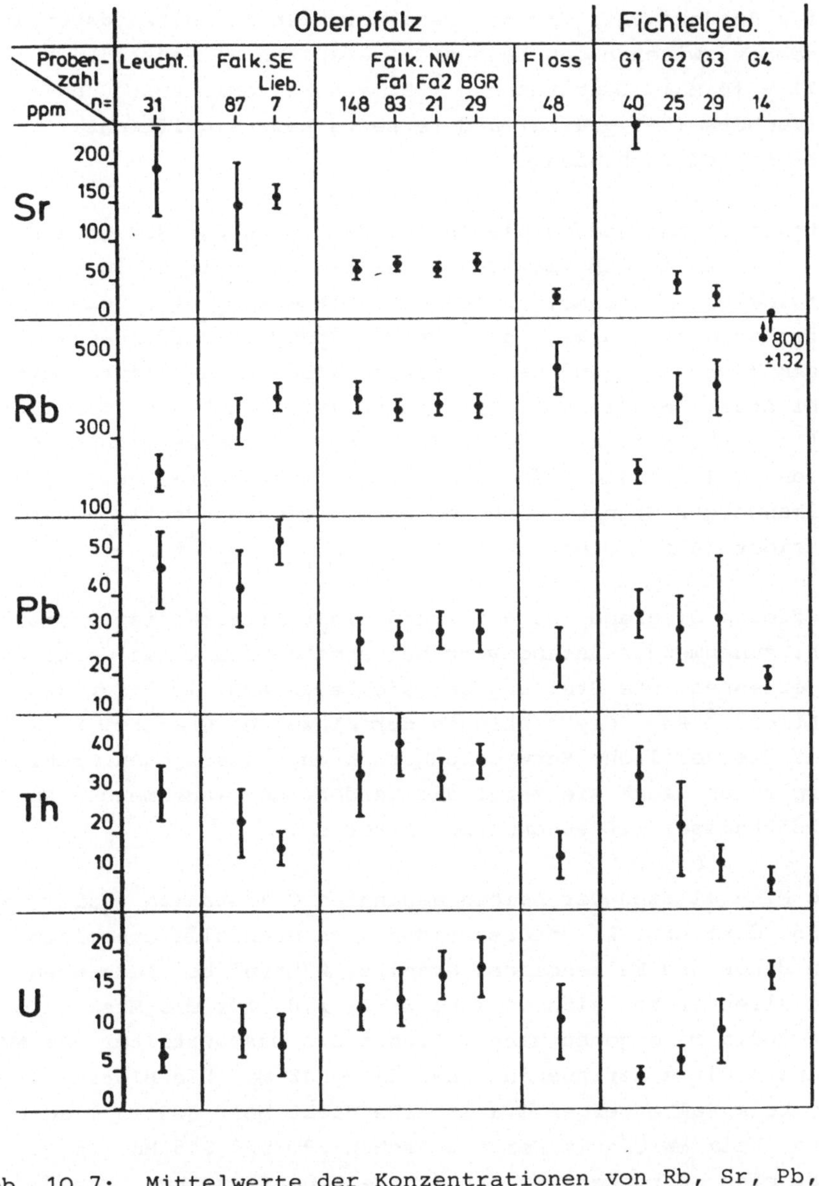

Abb. 10.7: Mittelwerte der Konzentrationen von Rb, Sr, Pb, U und Th der Granite des Fichtelgebirges (Richter u. Stettner 1979) und der Oberpfalz (Wendt et al. 1985). Die vertikalen Balken sind die Standardabweichungen. Oben sind die Anzahl der Proben, aus denen die Werte ermittelt wurden, angegeben.

Unter Berücksichtigung der Fehlergrenzen der Altersdaten ist zunächst zwischen den beiden G 1-Graniten Weißenstadt (321 ± 14 Ma), Leuchtenberg (321 ± 8 Ma) einerseits und Falkenberg (311 ± 4 Ma) andererseits kein signifikanter Unterschied vorhanden.

Betrachtet man jedoch die Isochronenergebnisse der genannten Granite der Oberpfalz und des Fichtelgebirges in einem Entwicklungsdiagramm, in dem der Anfangswert gegen das Alter aufgetragen ist, ähnlich dem Compston-Jeffery-Diagramm (Abb. 3.5) und berücksichtigt, daß diese beiden Werte sehr stark negativ korreliert sind (vgl. auch Abb. 6.8), so ist zu erkennen, daß die (gedrehten) 1σ-Fehlerellipsen der beiden G 1-Granite (MW + Leucht.) aufeinanderfallen, die des Falkenberger Granits sich von diesen dagegen deutlich unterscheidet (Abb. 10.8).

In diesem Diagramm ist der Trend einer Differentiationsfolge, d.h. zunehmender Anfangswert bei abnehmendem Alter deutlich zu erkennen. Die Steigung der Pfeile in Abb. 10.8 ist das mittlere $^{87}Rb/^{86}Sr$-Verhältnis der einzelnen Granite. Sie gibt die zeitliche Entwicklungsrichtung eines jeden Granitkörpers an. Auch sie zeigt die Tendenz des zunehmenden Rb/Sr-Verhältnisses mit abnehmendem Alter an.

Die Mineraldaten der beiden genannten G 1-Granite (Carl et al. 1985, dort Abb. 2) unterscheiden sich ebenfalls erheblich von denen des Falkenberger Granits. Während bei letzteren bei allen Proben sich gleiche Werte z.B. für die Muskowite von 309.5 Ma ergeben haben, liegen die Muskowitalter des WM-Granits mit einer Ausnahme bei 315 - 318 Ma. Die Biotite, die beim Falkenberger Granit alle dicht bei ~300 Ma liegen, haben beim MW-Granit Werte zwischen 290 und 315 Ma, zeigen also eine mehr oder weniger starke Beeinflussung durch die jüngeren G 2- bis G 4-Granite, aber deuten z.T. auch auf höhere Alter als 310 Ma hin.

Abb. 10.8: Zusammenhang zwischen Rb/Sr-Anfangswerten und Altern verschiedener Granite NE-Bayerns

Ebenso liefern die Mineralalter des Leuchtenberger Granits höhere Werte von 324 ± 8 Ma für eine Rb/Sr-Isochrone aus Gesamtgestein, Plagioklas, Kalifeldspat und Biotit (Köhler et al. 1974). K/Ar-Werte von 322 ± 5 Ma für Muskowit sowie 325 ± 5 und 331 ± 5 Ma für Biotite (Messungen aus den 60ger Jahren, kompiliert bei Carl et al. 1985) bestätigen trotz des damals höheren analytischen Fehlers ebenfalls ein höheres Alter.

Zusammenfassend kann festgestellt werden, daß die bisherige Annahme, daß der Falkenberger Granit als gleichalt mit dem G 1-Granit des Fichtelgebirges und dem Leuchtenberger Granit einzustufen ist, durch diese Datierung nicht mehr aufrecht zu erhalten ist.

Literatur

Besang, C., Harre, W., Kreuzer, H., Lenz, H., Müller, P. & Wendt, I.: Radiometrische Datierung, geochemische und petrographische Untersuchungen der Fichtelgebirgsgranite. - Geol. Jb. E8, 3-71, Hannover (17 Abb., 24 Tab., 4 Taf.), 1976.

Carl, C., Dill, H., Kreuzer, H. & Wendt, I.: U/Pb- und K/Ar-Datierungen des Uranvorkommens Höhenstein, Oberpfalz. - Geol. Rundschau 74, 3, 1985.

Köhler, H. & Müller-Sohnius, D.: Additional Rb-Sr age determinations of mineral- and whole rock samples from Leuchtenberg und Flossenburg Granite (NE-Bavaria). - N. Jahrb. f. Min. Monatsh., 354-365, 1976.

Madel, J.: Magmatische Entwicklung der Massivgranite der nördlichen Oberpfalz, aufgezeigt an der arealen Variation einiger Haupt- und Spurenelemente. - Doktorarbeit, Univ. München, 1968.

Wendt, I., Kreuzer, H., Müller, P. & Schmidt, H.: Radiometrische Datierung und geochemisch-petrographische Untersuchung des Falkenberger Granits. - Geol. Jahrb., D, im Druck, 1985.

Richter, P. & Stettner, G.: Geochemische und petrographische Untersuchungen der Fichtelgebirgsgranite. - Geol. Bavaria 78, 1-129, 1979.

Clausthaler Tektonische Hefte

Heft Nr. **1,** vergriffen, Neubearbeitung s. H. 12

Heft Nr. **2,** 3. Auflage 1965; Adler, R., Fenchel, W., Pilger, A.: **Statistische Methoden in der Tektonik I. – Die gebräuchlichsten Darstellungsarten ohne Verwendung der Lagenkugelprojektion.** 97 S., 51 Abb., 9 Tab., brosch., Pr.: DM 13,80

Heft Nr. **3,** vergriffen, Neubearbeitung s. H. 16

Heft Nr. **4,** 4. Auflage 1982: Adler, R., Fenchel, W., Pilger, A.: **Statistische Methoden in der Tektonik II. – Das Schmidtsche Netz und seine Anwendung im Bereich des makroskopischen Gefüges.** 89 S., 60 Abb., brosch., Pr.: DM 13,80

Heft Nr. **12,** 4. Auflage 1988; Flick, H., Quade, H., Stache, G.-A., mit Beiträgen von Wellmer, F. W.: **Einführung in die tektonischen Arbeitsmethoden. – Schichtenlagerung und bruchlose Verformung.** 96 S., 54 Abb., 2 Tab., brosch., Pr.: DM 13,80

Heft Nr. **14,** 4. Auflage 1987; Müller, G., Raith, M.: **Methoden der Dünnschliffmikroskopie.** 152 S., 38 Abb. im Text, 6 Tab. und 1 Beilage, brosch., Pr.: DM 24,–

Heft Nr. **15,** 1977; Müller, G., Braun, E.: **Methoden zur Berechnung von Gesteinsnormen.** 126 S., 17 Bilder und 23 Tab. im Text, 2 Flußdiagramme im Anhang, brosch., Pr.: DM 15,80

Heft Nr. **16,** 1978; Krausse, H.-F., Pilger, A., Reimer, V., Schönfeld, M., unter Mitarbeit von Domalski, R.: **Bruchhafte Verformung, Erscheinungsbild und Deutung, mit Übungsaufgaben.** 85 S., 39 Abb., 1 Tab., 5 Fototafeln, brosch., Pr.: DM 13,80

Heft Nr. **17,** 1982; Meyer, W.: **Geologisches Zeichnen und Konstruieren.** 89 S., 60 Abb., 1 Tab., 1 Anlage, brosch., Pr.: DM 18,50

Heft Nr. **18,** 1982; Lautsch, H., Pilger, A.: **Karte, Riß, Profil und Nordrichtung. Grundlagen und Bezugssysteme.** 101 S., 28 Abb., brosch., Pr.: DM 18,50

Heft Nr. **19,** 1983; Geyh, Mebus, A.: **Physikalische und chemische Datierungsmethoden in der Quartärforschung.** 163 S., 21 Fig., 6 Tab., 1 Faltblatt, brosch., Pr.: DM 19,80

Heft Nr. **20,** 1984; Quade, H.: **Die Lagenkugelprojektion in der Tektonik – Das Schmidtsche Netz und seine Anwendung.** 197 S., 65 Abb., 42 Übungsaufgaben mit Lösungen, brosch., Pr.: DM 23,80 – Einzelexemplare des Schmitschen Netzes, Durchmesser 20 cm, Pr.: DM 1,–, werden im Alleinverkauf abgegeben ab 10 Stück

Heft Nr. **21,** 1984; Stets, J.: **Geologie und Luftbild. Eine Einführung in die geologische Luftbildinterpretation.** 199 S., 70 Abb., 6 Tafeln, brosch., Pr.: DM 24,80

Heft Nr. **22,** 2. Auflage 1986; Wellmer, F.-W.: **Rechnen für Lagerstättenkundler und Rohstoffwirtschaftler, Teil I: Berechnen und Bewerten sowie Umrechnen von Einheiten.** 195 S., 25 Abb., 47 Tab., versch. Maßstäbe zum Ausschneiden, brosch., Pr.: DM 32,–

Heft Nr. **23,** 2. Auflage Nachdruck 1988; Wendt, I., mit einem Beitrag von Schoell, M.: **Radiometrische Methoden in der Geochronologie.** 170 S., zahlreiche Abb. u. Tab., brosch., Pr.: DM 23,–